L'ÉCOLE MUTUELLE

BOTANIQUE

PARIS

Au bureau des Editeurs, rue Coq-Héron, 5

ET CHEZ TOUS LES LIBRAIRES DE FRANCE

L'ÉCOLE MUTUELLE

COURS COMPLET D'ÉDUCATION POPULAIRE

BOTANIQUE

ÉLÉMENTAIRE

PAR

A. YSABEAU

AVEC 40 GRAVURES SUR BOIS

Par E. YSABEAU

PARIS

BUREAUX DE LA PUBLICATION

5, Rue Coq-Héron, 5

1866

BOTANIQUE

CHAPITRE PREMIER

—

NOTIONS PRÉLIMINAIRES

Au commencement de ce siècle, alors que les travaux du comte de Las Cases, sous le pseudonyme de Lesage, avaient mis fort en faveur les tableaux chronologiques, on voyait dans toutes les salles d'études de grandes pancartes sur lesquelles on lisait en chiffres plus ou moins hasardés les dates des principaux faits composant la charpente de l'histoire des nations dont l'existence a laissé une trace dans les souvenirs des peuples civilisés. Ces pancartes commençaient toutes par un immense nuage sombre, avec cette légende invariable : « L'origine de tous les peuples se perd dans la nuit des temps. » Le nuage figurait naturellement la nuit des temps. On peut en dire autant de l'origine de toutes les branches du savoir humain ; cela est vrai, surtout de la *Botanique*, c'est-à-dire, de l'étude de la nature végétale. Dès l'origine des sociétés, l'homme a dû être frappé d'un fait évident, c'est que les végétaux sont la base unique et indispensable de la nourriture des animaux terrestres, y compris l'homme. S'il y a des animaux carnassiers, ils ne peuvent vivre qu'en mangeant d'autres animaux herbivores, lesquels n'existeraient pas s'il n'y avait pas d'herbe. Quant aux animaux qui servent à la nourriture de l'homme, le premier agronome des temps modernes, Mathieu de Dombasle, a dit à ce propos : « Le bétail, c'est du foin qui prend des jambes pour se porter lui-même au marché. »

L'attention des premiers hommes, dès qu'ils ont pu former des sociétés à peu près régulières, a donc dû nécessairement se porter vers l'étude des végétaux les plus utiles à l'alimentation de la race humaine et à ses industries naissantes. Des noms ont été imposés à ces végétaux, puis on a songé à les classer dans un ordre quelconque, à les décrire, à en dresser des catalogues : c'était déjà de la botanique. La trace de ces premiers essais se trouve dans les plus anciens monuments écrits des divers peuples ; la *Bible* des Hébreux, les *Kings* des Chinois, les *Védas* des Indous, en font formellement mention. Plus tard, chez les Grecs, dès le temps d'Homère, quelques hommes studieux devaient leur renommée à la connaissance des propriétés de quelques plantes médicinales. Mais, pendant toute la période grecque et romaine, la guerre absorbant exclusivement quiconque se sentait de l'ambition et du génie, les sciences naturelles étaient fort délaissées ; on ne peut citer que le nom de Théophraste chez les Grecs, et celui de Pline le naturaliste chez les Romains, comme s'étant sérieusement occupés de botanique ; inutile d'ajouter que leurs travaux sur les végétaux sont d'une part fort incomplets, de l'autre, remplis d'erreurs admises de leur temps comme des vérités, et qu'ils n'ont pas pris la peine de vérifier.

Les peuples à demi civilisés du Nouveau Monde n'étaient pas restés étrangers à l'étude de la botanique. Les rois du Pérou et les souverains du Mexique avaient eu la même pensée, celle de réunir dans leurs jardins les végétaux utiles de leur pays, non pas vivants, mais figurés en métal, de manière à les rendre indestructibles. Par malheur, les *conquistadores* espagnols n'eurent rien de plus pressé que de faire fondre pour en faire des piastres et des doublons, ces végétaux d'argent et d'or, qui, s'ils avaient été conservés, auraient aujourd'hui, comme objets d'art et comme monuments archéologiques, une valeur inestimable ; on sait seulement qu'ils ont existé ; il n'en est pas resté de vestige.

Quand les ténèbres du moyen âge se sont peu à peu dissipées, la botanique à l'état de science, telle qu'on la connaît aujourd'hui, a pris naissance chez les diverses nations civilisées. C'est que, si la guerre était encore, ainsi qu'elle l'a été jusqu'à nos jours, la principale et presque l'unique occupation d'une grande partie des classes les plus éclairées chez tous les peuples, il y avait cependant, à dater de la Renaissance (seizième siècle), assez d'éléments d'ordre et de sécurité pour que quelques intelligences d'élite fussent en mesure de chercher l'expansion de leur génie ailleurs que dans l'art très-perfectionné de détruire leurs semblables. Dès la fin du seizième siècle, il y eut en Allemagne, en France, en Italie, en Hollande, des hommes qui parvinrent à la célébrité par l'étude de la botanique ; leurs travaux ont déblayé la voie, et le dix-huitième siècle a vu l'étude de la nature végétale prendre enfin sa place parmi les branches les plus importantes de l'histoire naturelle. Les noms de Tournefort, médecin français du dix-septième siècle, de Linné, naturaliste suédois du dix-huitième siècle, et des trois Jussieu, dont le dernier fut presque notre contemporain, sont et demeurent justement célèbres comme ceux des créateurs de la botanique dans son état actuel. C'est donc de la botanique, telle que, l'ont faite les savants Européens des deux derniers siècles et de la première moitié du nôtre, que nous avons à nous occuper.

La botanique est, comme on l'a dit plus haut, la science des végétaux. Ici se présente la première question : Qu'est-ce qu'un végétal ? Le grand naturaliste suédois Linné avait dit, pour définir les êtres des trois règnes : « Les minéraux *croissent* ; les végétaux *crois-* » *sent* et *vivent* ; les animaux *croissent*, » *vivent* et *sentent*. » Sans démentir la phrase célèbre de Linné, on peut définir plus explicitement le végétal : un être qui naît, se développe, assure la perpétuité de sa race par la production de ses graines, existe pendant un temps d'une durée très-variable, vieillit, dépérit et meurt. Connaître les végétaux, ce n'est pas seulement avoir gravé dans sa mémoire leurs noms, leurs physionomies et leurs propriétés ; c'est aussi posséder la connaissance de tous leurs organes et de la manière dont ces organes fonctionnent pour accomplir les actes de la vie végétale ; de là les divisions naturelles de la Botanique, l'*Organographie*, ou description des organes ; la *Physiologie végétale*, exposé de la manière dont fonctionnent chaque organe en particulier, et l'ensemble de tous les organes ; et la *Classification* ou *Taxonomie*, qui assigne à chaque végétal la place qui lui appartient d'après son organisation.

La plupart des traités de botanique admettent deux autres divisions, la *Pathologie végétale*, ou traité des maladies des plantes, et la *Géographie botanique*, qui recherche la distribution des végétaux sous les divers climats, à la surface du globe. Ces deux divisions accessoires peuvent être éliminées sans inconvénient d'un traité de botanique élémentaire. Quant aux maladies des plantes, on en peut dire ce que disait Molière de la médecine de son temps : « Les médecins savent nommer en latin et en grec toutes les maladies, les classer, les définir ; mais, les guérir ? C'est ce qu'ils ne savent pas du tout. » Il en est de même de la pathologie végétale, elle décrit très-exactement les maladies des végétaux, elle en dresse le catalogue, mais elle n'y applique aucun remède efficace.

La géographie botanique est une division de la science d'une étendue telle qu'il ne faut pas songer à en donner une idée dans la botanique élémentaire; on se borne à faire remarquer que les pays au climat tempéré, ceux où la race humaine rencontre les conditions d'existence les plus favorables, sont aussi ceux où croissent avec profusion les végétaux les plus précieux sous tous les rapports, et où la nature végétale récompense avec le plus de générosité les travaux du jardinier et ceux plus importants du laboureur.

CHAPITRE II

ORGANOGRAPHIE VÉGÉTALE

Définition des organes. — De même que, chez les animaux, les diverses fonctions de la vie s'accomplissent par des parties distinctes de leur être, appropriées à cette destination, et qu'on nomme leurs *organes*, la vie végétale chez les plantes s'exerce au moyen de parties distinctes ayant chacune à remplir un certain ordre de fonctions ; ce sont les *organes* des végétaux. Avant d'aborder la description des organes des plantes, il faut prendre un aperçu de la composition de ces organes, c'est-à-dire de la substance dont ils sont formés. Cette substance nous serait très-imparfaitement connue si nous n'avions pour l'observer que la vue simple ; l'œil aidé du *microscope*, instrument d'optique qui grossit énormément les objets et rend visibles des détails que l'œil nu ne saurait découvrir, parvient à voir distinctement les parties d'une petitesse extrême qui constituent la substance des organes des végétaux.

Tissu cellulaire. — L'observation microscopique nous montre toutes les parties des plantes essentiellement formées de *tissu cellulaire*, c'est-à-dire de cellules d'une extrême ténuité, intimement unies entre elles, également nommées par les botanistes *utricules*, c'est-à-dire petites outres, en raison de leur forme. C'est dans les cellules ou utricules que se trouve le point de contact des végétaux avec les minéraux d'une part, et le règne animal de l'autre. Les cellules de beaucoup de végétaux contiennent des cristaux aux formes très-régulières, parfaitement semblables, sauf leur excessive petitesse, aux cristaux des mêmes corps appartenant au règne minéral. D'autre part, les cellules offrent fréquemment la forme hexagonale ou à 6 pans, semblable de tout point aux cellules dont se composent les rayons artistement construits par les abeilles, pour emmagasiner leur miel et loger leurs larves. On retrouve dans ces deux faits le cachet imprimé à l'œuvre entière de la nature organisée : L'*unité* dans la *variété*.

Les cellules n'affectent pas la même forme chez toutes les plantes et dans toutes les parties d'une même plante ; en s'allongeant excessivement, elles deviennent des tubes d'une extrême ténuité, qui prennent le nom de *fibres;* ce sont aussi les cellules qui, en modifiant leurs formes primitives, deviennent des *vaisseaux* d'un très-petit diamètre, destinés à porter dans toutes les parties des plantes les liquides servant à les nourrir et à recevoir les produits de leur nutrition. Toute cette partie de l'organographie végétale, dont l'étude nécessite l'emploi continuel du microscope, doit être acceptée de confiance par ceux qui n'ont pas cet instrument à leur disposition.

Organes essentiels des végétaux. — On rencontre dans la nature végétale des plantes à des degrés très-divers d'organisation : les unes très-simples ; les autres d'une composition très-compliquée. Les végétaux considérés comme complets sont ceux qui possèdent tous les organes essentiels, savoir : 1° *la racine* ; 2° *la tige* ; 3° *les feuilles* ; 4° *la fleur* ; 5° *le fruit*.

Racine. — On a cru longtemps que tous les végétaux, sans exception, recevaient de la terre par la racine la totalité des principes nécessaires à leur nourriture. On sait aujourd'hui que les feuilles et les parties vertes des plantes possèdent la propriété de décomposer l'air atmosphérique et d'y puiser une partie importante des éléments indispensables à leur alimentation. C'est ainsi, notamment, que les arbres de nos forêts accumulent dans le bois qui forme la partie solide des tiges, des branches et des racines, des quantités énormes de charbon. Cet élément ne leur est pas fourni par leurs racines ; elles ne sauraient en prendre dans le sol, qui en contient à peine des traces; le charbon contenu dans le bois des arbres y a été introduit par les feuilles, qui l'ont puisé dans l'atmosphère. La racine n'en est pas moins un organe essentiel du végétal, soit parce qu'elle l'attache au sol, soit parce qu'elle prend une part prépondérante dans son alimentation. Les jardiniers qui s'occupent de la culture des arbres fruitiers et des arbres d'ornement connaissent les rapports intimes des racines et des branches; ils disent à ce sujet, avec beaucoup de sens : les racines font les branches, et les branches font les racines. Ainsi, lorsqu'il arrive que l'une des racines principales d'un arbre rencontre une veine de terrain particulièrement favorable à son accroissement, et qu'elle prend, pour cette raison, un développement extraordinaire, les branches du côté qui correspond à cette racine s'accroissent dans la même proportion; elles *s'emportent*, comme disent les jardiniers, et l'équilibre de la végétation est dérangé. S'il arrive, au contraire, qu'une racine soit atteinte d'une plaie ou bien coupée entre deux terres par la taupe ou la courtilière, ou qu'elle soit rongée par le ver blanc, larve du hanneton, les branches du côté de l'arbre qui correspond à la racine attaquée, dépérissent et meurent. On sait qu'une plante quelconque séparée de sa racine ne saurait vivre ; de là le dicton très-juste : « Couper le mal dans sa racine. »

Les formes principales de la racine sont : 1° La racine *fusiforme* ou en forme de fuseau qu'on nomme aussi *pivotante ;* 2° la racine fibreuse, composée d'un grand nombre de minces filaments ; 3° la racine *rameuse* ou *ramifiée*, dont les embranchements n'affectent aucune disposition régulière.

La racine *fusiforme*, celle de la carotte, par exemple, porte à son extrémité supérieure une sorte de nœud nommé *collet*, duquel doivent sortir les feuilles radicales et la tige. Cette même disposition existe chez tous les végétaux à racine pivotante, chez le Pin et le Sapin comme chez la Carotte ; le collet de la racine, chez les grands arbres de ce genre est cette partie intermédiaire qui n'est plus la racine et qui n'est pas encore la tige. Toutes les racines, quelle que soit leur forme, se terminent à leur extrémité inférieure par ce que les jardiniers nomment le *chevelu*, c'est-à-dire par des fibres plus ou moins déliées, munies de suçoirs nommés *spongioles*, par lesquels se fait l'aspiration de la *sève*, liquide nourricier que les vaisseaux transportent dans toutes les parties du végétal. Des arbres résineux, à racine fusiforme ou pivotante, sans ramification, ne supportent pas la taille des racines ; tels sont le Pin, le Sapin, l'Epicéa, dont la taille ne peut modifier la racine sans les faire périr. Les arbres à racines ramifiées, tels que le Poirier, le Pommier et les autres arbres à fruit de nos vergers, supportent, au contraire, très-bien la taille des racines. A leur naissance, c'est-à-dire quand les arbres sortent du pepin ou du noyau, leur racine s'enfonce toujours droit en terre, sauf à se ramifier plus tard; on la nomme en cet état *pivot*. Dès que le jeune arbre a perdu ses premières feuilles et qu'il est assez fort pour qu'on puisse le transplanter, le pivot est retranché à quelques centimètres au-dessous du collet. Cette opération force l'arbre élevé en pépinière à émettre dans toutes les directions des racines ramifiées, également favorables à la bonne croissance de l'arbre et à sa fructification.

La racine *fibreuse* appartient essentiellement aux plantes herbacées, telles que le Blé et les autres Céréales. Quelques végétaux très-développés, dont la tige est presque ligneuse, tels que le Soleil commun de nos jardins (*Helianthus*), n'ont pour s'attacher à la terre qu'un paquet de racines fibreuses, toutes également menues, mais très-nombreuses, dont l'ensemble représente une brosse. Ce genre de racines, en apparence si faibles, n'empêche pas le Soleil d'adhérer très-fortement au sol et de prendre de grandes dimensions.

La racine *ramifiée*, toujours irrégulière,

s'étend fréquemment à de grandes distances du pied de la plante ; c'est ce qui a lieu pour les très-grands arbres, tels que l'Orme, le Chêne, le Hêtre et le Charme ; cette forme de la racine est commune à tous les arbres et arbustes du climat européen, à l'exception des arbres résineux, à feuilles persistantes, dont la racine est toujours pivotante et ne se ramifie pas. Chez quelques-uns de ces arbres, la vie végétale est tellement énergique, que les racines peuvent se changer en branches et les branches se changer en racines. C'est ce que prouve l'expérience bien connue de Duhamel-Dumonceau. Il arracha au printemps un jeune Saule et le planta les branches en terre, les racines en l'air. Après avoir langui quelque temps, les racines finirent par se couvrir de feuillage, et le Saule continua à végéter, comme s'il avait été planté dans sa position naturelle ; les bran-

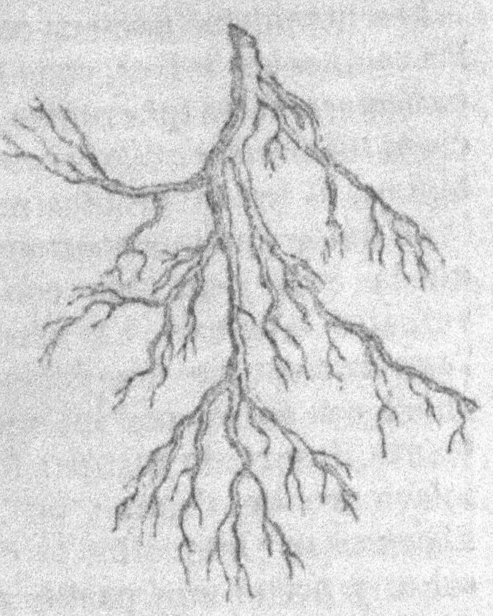

Racine ramifiée

ches enterrées étaient devenues des racines.

Les botanistes anciens comprenaient parmi les racines les *bulbes*, sous le nom de *racines bulbeuses*, et les tubercules, sous le nom de racines *tubéreuses* ou *tuberculeuses;* mais, ni les bulbes ni les tubercules ne sont des racines.

Le *bulbe* (quelques auteurs disent au féminin la *bulbe*) est plus connu sous son nom vulgaire d'ognon. La preuve évidente que l'ognon n'est pas une racine, c'est qu'il n'adhère pas au sol par lui-même ; lorsqu'on le plante, il sort du plateau formant la surface inférieure de l'ognon un cercle de racines fibreuses par lesquelles la plante s'attache au sol et y prend une partie de sa nourriture; ce sont ses véritables racines. Les botanistes modernes veulent que le bulbe soit une tige souterraine propre à quelques plantes vivaces. En réalité, l'ognon ou bulbe n'est pas plus une tige qu'il n'est une racine; c'est un bourgeon renfermant des rudiments de feuilles et de tiges qui sommeillent pendant l'hivernage comme dans les bourgeons du Lilas ou du Marronnier d'Inde, et qui se développent à l'époque de la reprise de la végétation, comme tous les bourgeons possibles. Cela est si vrai que, la saison venue, les ognons, plantés ou non, entrent en végétation ; s'ils ne sont pas mis en terre, ils s'épuisent en efforts inutiles pour pousser et fleurir, et ils meurent à la peine.

Parmi les bulbes, les uns sont *écailleux*, les autres à *tuniques*, d'autres enfin sont *solides*. Le bulbe écailleux, celui du Lis blanc par exemple, est composé d'écailles faciles à détacher les uns des autres, et dont l'ensemble offre une certaine analogie avec un Artichaut. Le bulbe à tuniques, tel que celui du *Tigridia pavonia*, est aussi composé d'écailles superposées ; mais ces écailles enveloppent toute sa surface, ce qui leur a fait donner le nom de *tuniques* ; de là le proverbe : « Vêtu comme un ognon. » Le bulbe solide, tel que celui du Safran cultivé, est un bulbe à tuniques, dont les écailles sont tellement collées l'une sur l'autre qu'elles sont comme incorporées ensemble, et ne peuvent pas être détachées isolément.

Bulbe de tigridia.

Le *tubercule* est divisé en deux classes par les botanistes modernes qui ont introduit une distinction entre les *racines tubérifères* et les *tiges tuberculeuses* ; ils rangent dans la première classe les tubercules qui ne portent pas d'*yeux* ou *bourgeons*, comme ceux de l'Orchis mâle et de l'Asphodèle ; et dans la seconde classe, les tubercules pourvus d'yeux destinés à devenir des tiges, comme la Pomme de terre. Cette distinction ne semble ni rationnelle ni nécessaire. Le tubercule n'est pas plus une tige que le bulbe n'est une racine ; c'est un réservoir renfermant, sous la forme d'une fécule amylacée très-abondante, la première nourriture qui doit faire vivre la jeune plante en attendant qu'elle ait formé ses racines. Ce caractère est propre à tous les tubercules, sans exception. Considérez les tubercules de l'Anémone, de la Renoncule, du Dahlia ; leur surface est dépourvue d'yeux. Peut-on les prendre pour des racines? Non, assurément ; car, après avoir émis du collet un commencement de tige aux dépens de la substance des tubercules, la plante s'empresse d'enfoncer dans le sol des racines fibreuses, qui la nourriront et donneront naissance à de nouveaux tubercules destinés à remplir les mêmes fonctions l'année suivante ; ce n'est donc pas une racine tubérifère. Examinez d'autre part une Pomme de terre non plantée au printemps ; elle ne se borne pas à pousser des tiges par le développement de ses yeux aux dépens de sa substance ; chacun de ces yeux, devenu une tige, s'entoure de vraies racines à sa base, et ce sont précisément ces racines qui feront naître sur les tiges souterraines de nouvelles Pommes de terre ; la Pomme de terre est donc bien un tubercule, et non pas une tige tuberculeuse, n'ayant rien de commun avec une tige véritable.

Tiges. — La *tige*, considérée au point de

vue de sa consistance, est *herbacée*, *frutescente* ou *ligneuse*. La tige est *herbacée* quand elle reste molle et verte pendant toute la durée de son existence, qui ne dépasse pas l'intervalle entre le commencement du printemps et la fin de l'automne. La tige est *frutescente* quand, sans avoir la solidité du bois proprement dit, elle n'a pourtant pas la flexibilité des tiges herbacées; elle est *ligneuse* quand sa substance consiste en bois, et qu'elle emploie à se former un nombre d'années indéterminé.

Les quatre principales espèces de tiges sont le *tronc*, le *stipe*, le *chaume* et le *rhizome*. Les trois premières espèces de tiges se développent dans l'air; on les comprend pour cette raison sous la dénomination générale de *tiges aériennes;* les rhizomes se développent en terre sans se montrer au dehors; on les nomme pour cette raison *tiges souterraines*.

Tronc. — Quand les tiges ligneuses atteignent la hauteur de quelques mètres, avec un diamètre proportionné à leur hauteur, les plantes prennent le nom d'*arbres* et leur tige celui de *tronc*. Les caractères de ce genre de tige sont faciles à saisir; tout le monde les connaît. Le tronc se compose d'une écorce extérieure, d'une couche d'*aubier*, bois tendre, ordinairement blanc, peu solide, en voie de formation, et d'un cœur de véritable bois dur, complétement formé. Si l'on coupe transversalement un arbre d'un âge connu, on voit que son tronc a grossi par couches annuelles superposées les unes aux autres. Lorsqu'on a abattu sur le territoire de l'ancienne commune de Montrouge, annexée à Paris, plusieurs Ormes plantés sur la route d'Orléans, par ordre de Henri IV, l'année de a mort, en 1610, la plantation ayant une date certaine, le nombre de leurs couches concentriques annuelles s'est trouvé correspondre à cette date. Ces Ormes respectables avaient seulement quelques couches de plus que le nombre correspondant à la date de 1610, ce qui prouve qu'ils avaient un certain nombre d'années de pépinière au moment où ils ont été plantés. Dans ce qui reste de forêts sur les deux versants des Pyrénées, on abat quelquefois d'énormes Chênes dont le tronc scié en travers montre au delà de 2,000 couches ligneuses distinctes ; il n'y a pas de motif pour ne pas admettre que ces arbres sont antérieurs à l'ère chrétienne. Les couches ligneuses annuelles des vieux arbres n'ont pas sur toute leur étendue une épaisseur parfaitement égale ; la couche est plus épaisse du côté du tronc qui a reçu le plus d'air et de lumière; la différence d'épaisseur est très-notable lorsqu'une des racines de l'arbre s'est trouvée dans des conditions particulièrement favorables à son développement, de sorte qu'elle a nourri un côté du tronc plus abondamment que les autres. On sait quels services de tout genre le bois du tronc des arbres rend à une foule d'industries. Ce qu'on sait moins généralement, c'est que, sans la résistance opposée aux vents violents du nord et de l'est par le tronc robuste et les branches solides des grands arbres forestiers, de vastes pays de plaine seraient inhabitables. Si la Russie d'Europe n'avait pas sur son sol tout plat, dépourvu de chaînes de montagnes, 65 pour 100 de sa surface occupés par des forêts, elle n'aurait pas d'habitants.

Stipe. — On nomme *stipe* le tronc d'une nature particulière des arbres de la famille des Palmiers, qui n'appartient pas à la végétation de l'Europe. Ce genre de tige diffère essentiellement de toutes les autres, par son mode de formation. A la naissance d'un Palmier, quelle qu'en soit l'espèce, il ne pousse pas de tige; il forme seulement un cercle de feuilles autour de son bourgeon central. Dans les pays où croissent les Palmiers, l'hiver étant inconnu, la végétation ne sommeille jamais ; les feuilles se succèdent perpétuellement; les nouvelles font tomber les anciennes. Les bases de toutes ces feuilles tombées finissent par former une tige dont le sommet est toujours occupé par une touffe de feuilles. C'est ce genre de tronc toujours simple, souvent égal en hauteur aux plus grands arbres de nos forêts, qu'on nomme *stipe*. Lorsqu'un stipe ou tronc de Palmier est scié en travers, on voit qu'il est formé, non de couches concentriques, comme un tronc d'Orme ou de Chêne, mais d'une multitude de fibres longitudinales ayant appartenu dans l'origine aux côtes des feuilles tombées et renouvelées sans interruption. L'intérieur du stipe de quelques Palmiers quand ils se disposent à fleurir, spécialement celui du Sagou du grand archipel Indien, est rempli d'une fécule abondante, qui peut servir à la nourriture de l'homme ; le même fait se reproduit dans les tiges des fougères arborescentes gigantesques de l'Australie et de la Nouvelle-Zélande ; les tiges de ces fougères portent aussi le nom de *stipe*.

Chaume. — Le *chaume* est une tige creuse, cylindrique, interrompue de distance en distance par des nœuds, desquels partent les feuilles. Les chaumes appartiennent exclusivement à la famille des Graminées ; ce sont pour la plupart des tiges herbacées molles, qui, après leur dessiccation, deviennent du foin et de la paille. En Europe, les chaumes les plus solides sont ceux du grand Roseau (*Arundo donax*) dont la consistance est presque ligneuse, et qui s'élèvent à la hauteur de 5 à 6 mètres ; ce Roseau, dont on fabrique les cannes pour la pêche à la ligne, est très-connu sous son nom vulgaire de Canne de Provence. Dans les régions tropicales, le chaume des Bambous, d'une grande solidité, de dimensions colossales, sert à toutes sortes d'usages, même à construire des habitations. La Canne à sucre est le chaume d'un Roseau des mêmes contrées (*Arundo saccharifera*).

Toutes les *tiges herbacées* ne sont pas des chaumes; les plus dignes d'attention sont : 1° les *tiges volubiles*, qui, pour se soutenir, s'enroulent autour de tous les supports qu'elles trouvent à leur portée; 2° les *tiges traçantes*, qui rampent sur le sol et émettent de distance en distance, comme celles du Fraisier, des paquets de racines et des touffes de feuilles pouvant servir à la multiplication de la plante; 3° les *tiges grimpantes*, comme celles de la Bryone, qui s'attachent à l'aide de leurs vrilles à tout ce qui peut les soutenir.

Rhizomes. — Il y a des plantes qui, dans le cours annuel de leur végétation, ne montrent au dehors que des feuilles renouvelées tous les ans; les tiges de ces plantes s'étendent horizontalement entre deux terres, sans jamais s'élever comme les autres genres de tiges, pour végéter à l'air libre, au contact de la lumière; ce genre tout particulier de tiges souterraines se nomme *rhizome*. Tout le monde connait l'espèce de fougère très-commune dans nos bois, portant le nom de Fougère mâle. La tige souterraine de cette fougère, assez souvent employée comme vermifuge, est un rhizome.

Feuilles. — Quoique la nature ait donné aux feuilles une variété infinie de formes et de dimensions, elles ont toutes un certain nombre de caractères communs. La feuille présente toujours deux surfaces, quelquefois très développées comme dans la feuille de la Vigne et celle du Platane, ou bien extrêmement étroite comme dans les feuilles du Pin et du Mélèze, terminées en pointe, et désignées sous le nom particulier d'*aiguilles*. La surface supérieure de la feuille, large ou étroite, est presque toujours lisse ; la surface inférieure est le plus souvent d'un vert plus pâle, plus ou moins cotonneuse. Les côtes ou *nervures* qui forment la charpente de la feuille, se voient en creux sur la surface supérieure et en saillie sur la surface inférieure. Si la feuille se réduit à une simple aiguille, elle n'a presque pas de surface ; il semble, dans ce cas, que la principale nervure, nommée par les botanistes, *nervure médiane*, soit à elle seule toute la feuille.

Les feuilles de beaucoup de végétaux adhèrent au rameau qui les produit par un support plus ou moins long ; ce support se nomme *pétiole ;* les feuilles qui en sont pourvues sont *pétiolées*. Quand le pétiole manque et que les feuilles adhèrent immédiatement au rameau, on les nomme *sessiles*.

Quant à la forme, les feuilles varient à l'infini, tout en conservant leurs caractères propres pour chaque plante. Elles sont *entières* quand leurs bords sont exempts de toute découpure; exemple : le *Volubilis commun*; *dentées en scie*, quand les dents de leurs bords sont dirigées vers le sommet ; exemple : la feuille du Pêcher ; *lobées*, quand leurs bords sont profondément découpés, sans cependant être partagés en parties distinctes; exemple : la feuille de Chêne.

Feuille cordiforme entière.

Toutes les feuilles ci-dessus indiquées sont *simples*, c'est-à-dire qu'elles n'ont qu'une seule partie, entière, découpée ou lobée. D'autres feuilles sont *composées*, c'est-à-dire formées de plusieurs parties distinctes nommées *folioles*, insérées sur un pétiole commun; exemple : les feuilles du Cerris (vigne vierge); celle du Trèfle et celle du Fraisier. Quelques feuilles composées sont accompagnées à la base de leur pétiole par une expansion foliacée que les botanistes nomment *stipule*, très-distincte dans le pétiole de la feuille du Rosier. Un autre genre de feuilles, qui diffère de toutes les autres, appartient exclusivement aux plantes de la famille des Graminées ; on les nomme engainantes parce qu'avant de s'écarter de la tige, elles l'enveloppent sur une certaine longueur, comme dans une gaîne ; exemple : la feuille du Blé, du Seigle et du Maïs. D'autres feuilles sessiles, qui ne sont pas engaînantes, entourent à la base la tige ou le rameau qui les porte ; exemple : la feuille du Chèvrefeuille ; les botanistes nomment ces feuilles *amplexicaules*.

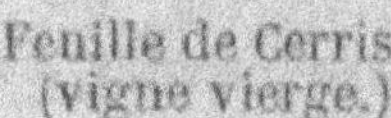

Feuille de Cerris (vigne vierge.)

Feuille de Trèfle.

D'après la manière dont elles sont insérées sur la tige, les feuilles sont *alternes* quand elles ne se rencontrent pas vis-à-vis les unes des autres, *opposées* quand elles se font vis-à-vis, *verticillées* quand elles forment un cercle ou *verticille* autour de la tige. On ne peut énoncer ici toutes les formes des feuilles des végétaux connus et étudiés par les botanistes. Quelques-unes, dans les régions tropicales, prennent des dimensions énormes ;

telles sont les feuilles du *Bananier* (*Musa paradisiaca*), employées par les naturels de l'Inde, pour couvrir les cabanes. D'autres, originaires de l'Inde, mais introduites depuis longtemps sous le climat européen, conservent l'originalité de leur forme. Telle est en particulier la feuille de la Capucine (*Tropæolum*), ronde, avec un long pétiole inséré au centre de sa surface inférieure.

Feuille du Rosier.

Cette forme se nomme feuille *peltée*.

Quand les feuilles, au lieu d'être simples sont composées, leurs parties distinctes se nomment *folioles*.

Feuille peltée.

Il y a des feuilles composées sans folioles impaires, et des feuilles composées avec folioles impaires.

Fleurs. — La diversité est encore plus grande dans la forme et la disposition des fleurs, qu'elle ne l'est chez les feuilles. Il y a des fleurs *complètes*, dans lesquelles existent à leur état normal toutes les parties constitutives de la fleur ; d'autres sont *incomplètes*, elles manquent de plusieurs des parties constitutives des fleurs complètes.

Dans la vie végétale, tout semble subordonné à la production et au développement

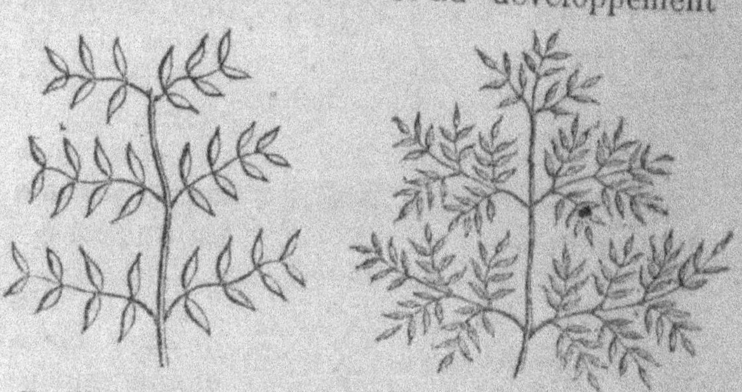

Feuille composée avec impaire. Feuille composée sans impaire.

de la fleur qui renferme les organes reproducteurs, destinés à assurer la perpétuité des races de végétaux.

La fleur *complète* comprend d'abord deux enveloppes distinctes, le *calice* et *la corolle*, dont la réunion se nomme *périanthe* ; le périanthe renferme les organes mâles et femelles de la reproduction. Il y a par conséquent, dans une fleur complète, un *calice*, une *corolle*, des organes mâles, ou *étamines*, et des organes femelles, ou *pistils*.

Le *calice*, première enveloppe extérieure de la fleur, est d'une seule pièce ou de plusieurs pièces. Les divisions du calice se nomment *sépales*; lorsqu'il n'y en a qu'une, le calice est *monosépale*; il est *polysépale*, quand il y en a plusieurs.

La *corolle*, seconde enveloppe de la fleur, renferme immédiatement les organes de la reproduction. Les divisions de la corolle se nomment *pétales*, on la nomme *monopétale* quand elle est d'une seule pièce, et *polypétale* quand elle est formée de plusieurs pétales isolés.

Pistil.

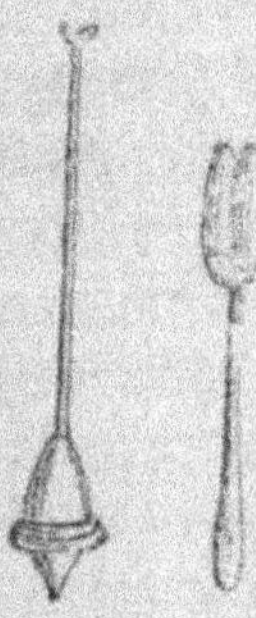

Etamine.

L'*étamine*, organe mâle, est composée de deux parties distinctes, l'*anthère* et le *filet*. L'anthère est une sorte de sac, ordinairement à deux loges, qui renferment le *pollen* ou poussière fécondante. Quand la fleur est complétement épanouie, les loges des anthères s'ouvrent sur le côté, et laissent échapper le pollen. Le filet est pour l'étamine ce que le pétiole est pour la feuille; cette partie manque quelquefois; dans ce cas, les anthères sont *sessiles*.

Le *pistil*, organe femelle, comprend trois parties distinctes, l'*ovaire*, le *style* et le *stigmate*. L'ovaire, destiné à devenir le fruit après la fécondation, renferme les *ovules* ou rudiments des graines ; le *style* est la prolongation tubuleuse de l'ovaire ; le stigmate en est l'extrémité supérieure.

Dans la fleur incomplète, la corolle manque fréquemment; elle est souvent remplacée par le calice coloré ; c'est du moins ainsi que s'expriment le botanistes. A leur avis, le Lis, la Tulipe, la Jacinthe n'ont pas de corolle; ces fleurs sont des calices colorés ; il semble plus simple et plus naturel d'admettre que ces fleurs élégantes et parfumées ont bien réellement une corolle, et que c'est le calice qui leur manque.

Les fleurs les plus incomplètes de toutes sont celles qui, comme chez le Blé et les autres Céréales, sont uniquement composées des organes reproducteurs, protégés par deux écailles qui leur tiennent lieu de calice et de corolle et que les botanistes nomment *balles calicinales*.

Les fleurs les plus complètes, contenant les étamines avec un ou plusieurs pistils, sont nommées *hermaphrodites* celles qui ne renferment que des étamines sont des *fleurs mâles;* celles qui ne contiennent que des pistils sont des *fleurs femelles ;* ces dernières seules peuvent porter graine.

Les plantes qui portent sur le même pied des fleurs mâles et des fleurs femelles sont *monoïques*, exemple le Maïs. Celles qui portent des fleurs mâles et des fleurs femelles sur des pieds séparés sont *dioïques*, exemple le Chanvre. Quelques plantes seulement portent sur des pieds séparés des fleurs mâles, des fleurs femelles et des fleurs hermaphrodites ; ce sont des plantes *polygames*, exemple, la Pariétaire.

Les formes du calice sont très-variables, ainsi que celles de la corolle. Souvent, quand le calice est monosépale, son *limbe* ou bord supérieur est découpé en autant de divisions que la corolle en présente elle-même. Quand les fleurs sont *composées*, c'est-à-dire formées par la réunion d'un grand nombre de petites fleurs qui semblent n'en être qu'une grande, comme le Soleil de nos jardins, il y a un calice commun. Ce calice présente à sa partie intérieure un plateau nommé *réceptacle*, tantôt plat ou légèrement concave, tantôt plus ou moins bombé. C'est sur le réceptacle que sont insérées les petites fleurs partielles, ayant chacune un calice particulier.

Dans l'Artichaut comestible, les feuilles sont les écailles du calice commun ; la partie charnue en est le réceptacle ; le foin de l'Artichaut en est la fleur à demi formée. Quand la fleur, semblable à celle des grandes espèces de Chardons, est épanouie, le réceptacle est devenu coriace ainsi que les écailles du calice commun ; l'Artichaut n'est plus mangeable. On comprend que les termes de botanique ne doivent point passer dans le langage vulgaire, et qu'il serait souverainement ridicule d'offrir à table à un convive un réceptacle d'Artichaut.

Les formes de la corolle sont encore plus variées que celles du calice. Les plus nécessaires à connaître sont : 1° La corolle *campanulée* ou en cloche ; ex. : la Raiponce (*Campanula rapunculus*) ; 2° la corolle *infondibuliforme*, ou en entonnoir, monopétale avec un tube très-allongé, ex. : le Tabac (*Nicotiana Tabacum*) ; 3° la corolle *urcéolée*, en forme de grelot, ex. : le Myrtille (*Vaccinium*) ; 4° la corolle *labiée*, dont le limbe est divisé en deux lèvres ; ex. : la Sauge éclatante (*Salvia splendens*) ; 5° la corolle *personnée*, dont la forme est plus ou moins analogue à celle du museau d'un animal ; ex. : le Muflier des jardins (*Anthirrinum*) ; 6° la corolle rosacée, l'une des plus élégantes ; ex. : l'Eglantine (*Rosa canina*) ; 7° la corolle *caryophyllée*, à cinq pétales *onguiculés*,

Corolle campanulée

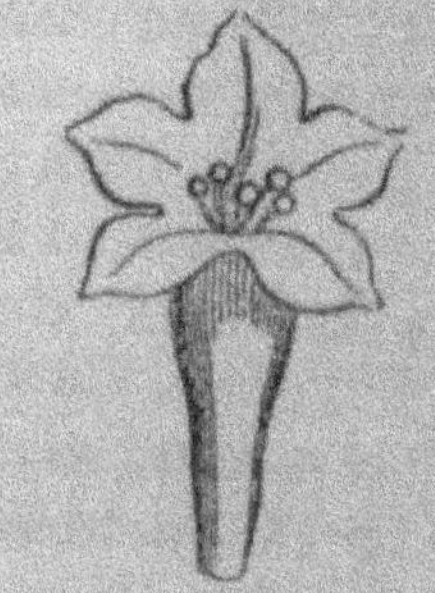

Corolle infundibuliforme

c'est-à-dire, pourvus de longs appendices nommés onglets, ex. : l'Œillet simple (*Dian-*

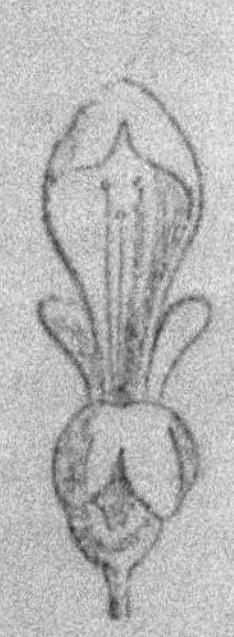

Corolle labiée.

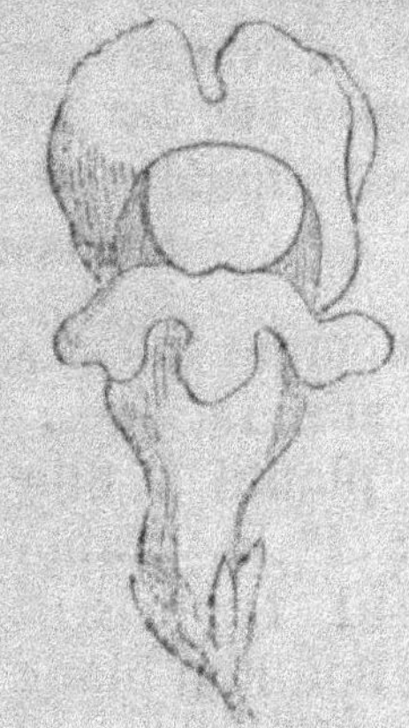

Corolle personnée.

thus caryophyllus); 8° la corolle *crucifère*, dont les quatre pétales sont disposés en croix, ex. : la fleur du Chou (*Brassica oleracea*);

Corolle rosacée.

Corolle crucifère.

9° la corolle *papillionacée*, propre aux plantes de la famille des Légumineuses, ex. : le Pois cultivé (*Pisum sativum*) ; 10° la corolle ligulée ou Ligule, spéciale aux fleurs composées, ex. : le ligule du Dahlia (*Dahlia mexicana*).

Ligule de Dahlia.

On nomme inflorescence la disposition des fleurs sur la tige, disposition qui diffère d'une plante à une autre; les principales sont : 1° la grappe, ex. : le Groseiller; 2° l'épi terminal, ex.: le Bouillon blanc; 3° l'ombelle, ex. : la Ciguë; 4° le corymbe, ex. : l'Achillée ou Millefeuille. L'inflorescence en corymbe,

Ombelle de Ciguë.

Corymbe d'Achillée.

qui ressemble beaucoup à l'ombelle, en diffère par un caractère essentiel. Dans l'ombelle, toutes les tiges, qui portent chacune une fleur, partent du même point, comme les branches d'un parasol ; dans le corymbe, les tiges qui portent les fleurs partent de différents points de la tige principale, pour arriver toutes au même niveau.

Fruit. — Le fruit est, au point de vue de la botanique, l'organe le plus important du végétal, parce qu'il contient la graine, qui seule continue et propage les races végétales. Au point de vue économique, le fruit tient une place du premier ordre dans l'alimentation du genre humain ; il y a des fruits, tels que celui du Cocotier, qui seuls font vivre des populations entières. Sans le fruit du Dattier, la traversée des déserts d'Afrique serait impossible aux caravanes.

Le fruit, dont la formation comme protection de la graine est le but définitif de toute végétation, se compose de deux parties distinctes, le péricarpe et la graine. Dans les fruits servant à la nourriture de l'homme, dans l'*abricot*, par exemple, la chair qui en constitue la partie mangeable est le péricarpe ; l'amande contenue dans le noyau est la graine. Les botanistes ont longtemps admis l'existence de graines nues, qui comme le Blé, le Seigle et les autres céréales n'ont pas de péricarpe. Les botanistes modernes veulent absolument que toutes les graines, sans exception, sortent d'un fruit, et, comme il faut qu'un fruit ait un péricarpe, ils donnent le nom de péricarpe à l'enveloppe extérieure de la graine, même quand cette enveloppe est sèche, mince, adhérente à la graine, et qu'elle n'a pas la moindre analogie avec un fruit dans le sens ordinaire attaché à ce terme. Le fruit résulte toujours du développement de l'ovaire, qui devient le péricarpe après la fécondation; la séve, fortement attirée par l'ovaire, grossi, n'ayant plus à alimenter la corolle et les organes reproducteurs qui se dessèchent et tombent, contribue énergiquement au grossissement rapide du péricarpe et à la maturité de la graine. Le fruit, quel qu'il soit, ne se détache de lui-même de la plante ou de l'arbre que quand la graine est mûre. Quelques-uns, comme la Citrouille et le Concombre, ne s'en détachent pas; lorsque le fruit est mûr, la plante meurt et se dessèche; le fruit, resté sur place, ne tarde pas à pourrir par excès de maturité; sa substance décomposée est le premier aliment des nouvelles plantes nées des semences, qui germent aussitôt; la maturité des graines n'est complète que quand le fruit commence à se gâter.

Quand le péricarpe est sec et qu'il s'ouvre de lui-même pour laisser sortir la graine, on le nomme péricarpe *déhiscent*; quand il n'a pas cette propriété et qu'il ne se sépare pas de la graine, dont il semble n'être qu'une enveloppe qui en fait partie, il est *indehiscent*. Les graines de ce genre sont celles qu'on a longtemps nommées graines *nues*; on peut leur conserver cette désignation en les considérant comme n'ayant pas de péricarpe. Tous ces fruits, de même que la *samare* de l'Orme et le *gland* du Chêne sont monospermes, ce qui signifie que chacun d'eux ne renferme qu'une seule semence.

Les fruits secs et déhiscents, aussi nommés fruits *capsulaires*, parce qu'ils consistent en une capsule de forme variable, renferment tous plusieurs semences et sont par conséquent *polyspermes*. Les plus communs sont les *siliques*, formées de deux valves qui se séparent sur toute leur longueur. La silique est la forme du fruit de très-grands arbres, tels que le Robinier, vulgairement nommé Acacia, et le Gléditzia ou Févier de la Chine ; elle est aussi le fruit de plusieurs plantes herbacées. La silique des plantes légumineuses potagères, telles que le Pois, le Haricot et la Fève, est nommée vulgairement gousse et cosse, d'où dérive le verbe écosser.

Outre ces organes essentiels, il en est d'accessoires, qui n'existent que chez un petit nombre de végétaux ; tels sont : 1° les *épines*, 2° les *aiguillons*, 3° les *poils*, 4° les *vrilles*.

Les *épines*, dans le vrai sens du mot, sont des extrémités de branches ou de rameaux avortés ; leur consistance est toujours ligneuse ; elles ont, comme les rameaux, pour point de départ, le centre de la branche qui les porte, ce qui ne permet pas de les confondre avec les aiguillons.

Les *aiguillons*, aussi nommés *crochets*, à cause de leur forme plus ou moins recourbée, sont formés seulement aux dépens de l'écorce, ou pour mieux dire de son épiderme; leur base ne pénètre pas dans l'intérieur du rameau ; il suffit de les pousser légèrement sur le côté pour les faire tomber; ils ne laissent après eux qu'une légère cicatrice sur l'écorce. L'épine vraie, au contraire, ne peut être détachée qu'avec une lame tranchante; son retranchement laisse une cicatrice semblable à celle d'un rameau coupé. C'est donc à tort que, dans le langage vulgaire, comme dans la langue poétique, on dit qu'il n'y a pas de rose sans épines; la vérité est que la rose n'a pas d'épines proprement dites, la tige qui la porte n'a que des aiguillons. La Ronce et le Framboisier, qui appartiennent à la même famille, sont dans le même cas.

Les *poils* sont si nombreux sur certains végétaux, qu'ils font ressembler leurs feuilles à des morceaux de molleton ; exemple : la feuille du Bouillon blanc. Les plus remarquables des poils des végétaux du climat européen sont ceux de l'Ortie, qui, malgré leur extrême ténuité, sont des tuyaux dont la base est en communication avec une glande remplie d'un liquide caustique, comme la dent tubulaire de la vipère communique avec une glande remplie de venin. Quand la peau est piquée par le poil de l'Ortie, le liquide caustique est introduit dans la piqûre et donne lieu à une enflure douloureuse, heureusement passagère.

Les *vrilles* appartiennent exclusivement aux plantes sarmenteuses, à tiges flexibles et faibles, comme la Vigne et la Bryone. Dans la vigne, les vrilles, nées dans les aisselles des feuilles, sont presque toujours des grappes avortées, qui, par une sorte d'instinct végétal, s'entortillent fortement autour de tous les corps auxquels elles peuvent s'accrocher.

CHAPITRE III

—

PHYSIOLOGIE VÉGÉTALE.

Fonctions des organes des végétaux. — Après avoir étudié les divers organes des plantes, il reste à se rendre compte du jeu de ces organes, des fonctions que chacun d'eux remplit pour produire chez les plantes le phénomène de la vie : c'est l'objet de la *Physiologie végétale.* Cette division de la botanique est, à proprement parler, l'étude de la vie végétale, phénomène non moins mystérieux quant à son point de départ que la vie animale elle-même. A la grande question : Qu'est-ce que la vie ? il n'y a rien de positif à répondre. La source de la vie nous échappe, pour la vie végétale comme pour notre propre existence; on ne peut que rappeler ce que disait à ce sujet le savant Leibnitz à la sœur du grand Frédéric : « Il n'y a pas moyen de contenter Votre » Altesse; elle veut toujours que je lui dise » le pourquoi du pourquoi. » Evidemment il y a en toutes choses un dernier pourquoi qui doit rester sans réponse ; c'est tout ce qu'on peut dire de raisonnable sur le point de départ de la vie végétale. Mais de ce que la physiologie végétale comprend des mystères dont peut-être l'intelligence humaine ne pénétrera jamais le secret, ce n'est pas une raison pour n'en point étudier ce qu'il est possible d'en savoir.

L'existence des plantes a, comme celle des animaux, quatre phases distinctes : la naissance, l'accroissement, la décadence, la mort. Pendant la durée de son existence, l'organisme du végétal remplit un certain nombre de fonctions qui se rapprochent de celles de l'organisme animal. C'est ainsi notamment que la plante se nourrit, respire et transpire. D'autres fonctions des organes du végétal n'ont aucune analogie avec la vie animale. C'est que, chez l'animal, même le plus incomplet, la vie a un centre dont la destruction entraîne celle de tout l'individu ; par exemple, une blessure au cœur tue l'éléphant comme elle tue la souris. Rien de semblable n'existe dans l'organisation du végétal. La vie est répandue dans toutes ses parties qu'on peut détacher de la plante-mère, et qui placées dans des conditions favorables, deviennent des plantes complètes. On sait que presque tous les végétaux peuvent être multipliés de boutures, c'est-à-dire en plantant de jeunes rameaux qui se forment aussitôt des racines et végètent comme s'ils étaient nés d'une semence. Chez quelques végétaux, cette propriété est poussée très-loin. L'Oranger, le Citronnier et tous les arbres de la même famille, peuvent être multipliés par boutures de feuilles; en mettant dans une terre convenablement préparée, le pétiole d'une feuille de l'un de ces arbres, d'une part elle prend racine, de l'autre elle développe un bourgeon qui devient une tige, comme si l'on avait confié à la terre un pepin d'orange ou de citron. D'autres végétaux se bouturent avec encore plus de facilité. Par exemple, fendez une feuille d'une jolie plante d'ornement nommée Achimènes; ayez soin seulement de ne pas la détacher de la plante mère ; vous pouvez la découper en autant de morceaux qu'elle a de nervures principales, mais sans détacher ces morceaux complétement. Au bout de quelques jours, à la base des sections de feuilles ainsi découpées, il se forme un mammelon contenant des rudiments de racines. Vous pouvez alors détacher les fragments de feuilles et les planter isolément comme autant de boutures. Chacun d'eux vous donnera une plante complète, qui ne tardera pas à fleurir. Ce mode de multiplication n'a pas d'analogue dans le règne animal, quoique quelques animaux des ordres inférieurs, entre autres le *lombric* ou *ver de terre*, lorsqu'on les partage en plusieurs morceaux, ne meurent pas d'un tel traitement et se forment une tête à l'une de leurs extrémités amputées.

Les faits du domaine de la physiologie végétale comprennent : 1° Les *fonctions de nutrition;* 2° les *fonctions de reproduction;* 3° les *phénomènes généraux*, qui ne se rattachent ni à l'un ni à l'autre de ces deux ordres de fonctions.

Fonctions de nutrition. — Absorption. — La première et la plus importante des fonctions de nutrition, c'est l'*absorption*. En effet, si l'animal ne peut se nourrir qu'à l'aide des substances nutritives qu'il absorbe par sa bouche, et qu'il s'assimile en partie par ses organes digestifs, le végétal, bien qu'il n'ait ni bouche ni estomac, ne peut vivre que de ce qu'il absorbe. Les racines et les feuilles sont les organes des plantes par lesquelles se fait l'absorption des éléments destinés à les nourrir. L'intérieur du végétal peut être considéré comme un laboratoire de chimie où les matières premières introduites d'un côté par les racines, de l'autre par les feuilles, subissent de nombreuses transformations. Pour en avoir une idée, il suffit d'examiner ce qui se passe dans une expérience fréquemment renouvelée par les amateurs de fleurs qui ne possèdent pas de jardin, même sur la fenêtre. Mettez à l'orifice d'un vase plein d'eau un ognon de Jacinthe à fleur bleue, de manière à ce que le plateau de l'ognon affleure la surface de l'eau ; ayez soin d'ajouter tous les jours un peu d'eau pour que le niveau du liquide ne s'abaisse pas. Il sortira d'abord du plateau des racines qui, en s'allongeant, plongeront dans l'eau et descendront jusqu'au fond du vase. Puis, des feuilles se développeront, et, du milieu de ces feuilles, s'élèvera une tige chargée de boutons de fleurs, qui s'épanouiront comme si l'ognon de Jacinthe avait été planté en pleine terre. Ainsi, la substance charnue des écailles de l'ognon, la matière colorante verte des feuilles, la matière colorante bleue des fleurs, le parfum doux et pénétrant de celles-ci, tout cela aura été puisé dans l'eau et dans l'air par les racines et les parties vertes de la plante, qui l'a élaboré et transformé. Ni l'eau ni l'air de l'appartement ne contenaient rien de semblable; ils en renfermaient seulement les éléments, dont les organes de la plante, ont tiré parti pour la faire croître et fleurir, le tout par une suite de réactions chimiques qui sont une des merveilles de la physiologie végétale.

Ce sont les extrémités des racines qui transmettent à la plante la séve puisée dans la terre ou dans l'eau. Pour s'en convaincre, il suffit, dans l'expérience qu'on vient de rapporter, de supprimer la moitié de l'eau contenue dans le vase sur lequel on a placé un ognon de Jacinthe. Tant qu'il y a assez d'eau pour que les extrémités des racines y soient plongées, la végétation de la plante n'est pas interrompue ; elle ne paraît pas en souffrir. Mais si l'ognon est transporté sur un vase à double fond disposé de telle sorte que les racines y plongent dans l'eau, leurs extrémités inférieures restant seules à sec, la plante meurt.

L'eau prise dans la terre par les extrémités des racines des plantes pénètre dans toutes les parties du végétal sous forme de *séve.* Les principes nutritifs que transporte la séve ne suffiraient pas pour alimenter les organes des végétaux chacun de la manière qui lui convient, sans l'intervention des feuilles. Celles-ci mettent à chaque instant la séve en contact avec les principes qu'elles empruntent incessamment à l'air atmosphérique ; la réaction de ces principes sur ceux que la séve tient en dissolution satisfait à tous les besoins de nutrition de la plante. La partie des fonctions de nutrition que doivent remplir les feuilles n'est possible qu'à l'aide de l'intervention de la lumière. Quand les plantes sont forcées de végéter dans l'obscurité, la réaction est incomplète, la matière colorante verte ne peut se produire, les plantes restent blanches, livides; elles sont *étiolées.* L'art du jardinier profite de cette particularité pour améliorer les qualités alimentaires de certains produits du jardinage. C'est ainsi que les feuilles des Choux pommés, les Choux-Fleurs et l'intérieur des salades, au lieu d'être verts et d'une saveur forte et désagréable, deviennent blancs et d'une saveur agréable, après que la culture les a artificiellement étiolés en empêchant la lumière de les atteindre.

Transpiration. — La quantité de séve absorbée par les plantes d'une puissante végétation atteint des proportions énormes. On comprend que tout ce liquide ne peut pas séjourner dans la plante ; après qu'elle s'en est approprié ce qu'il lui en faut, elle rejette le reste sous forme de *transpiration*.

La transpiration des plantes se produit le plus souvent sous la forme d'une vapeur invisible ; quelquefois aussi, le matin, après une nuit d'été chaude et sèche, la transpiration se condense à la surface des feuilles sous forme de gouttelettes analogues à celles que produit la *buée* ou condensation de l'humidité atmosphérique sur les carreaux de vitre d'une chambre habitée. Le savant naturaliste Hales a cherché à se rendre compte de la quantité d'eau ainsi rejetée par la transpiration végétale ; il a trouvé qu'un hectare de Houblon en pleine croissance en rejette environ, dans un jour d'été, 2,500 litres, et qu'un Chou de grosseur moyenne en rejette

7 à 8 hectogrammes. Or, dans la culture en grand, les Choux étant plantés à 50 centimètres en tous sens, il y en a 40,000 sur un hectare ; c'est donc une évaporation ou transpiration qui équivaut à un volume d'eau de 28 à 32 mille litres d'eau, par hectare de terre consacrée à la culture des Choux.

Respiration. — On se demande naturellement comment les végétaux peuvent respirer, n'ayant pas d'organes particuliers remplissant visiblement cette fonction, laquelle, pour le végétal, fait évidemment partie des fonctions de nutrition, puisque, sans figure de rhétorique, les plantes vivent en grande partie de l'air du temps? Un grand nombre d'expériences faites par les savants les plus dignes de foi démontrent que la respiration, c'est-à-dire l'introduction de l'air à l'intérieur des plantes, où il est décomposé pour contribuer à leur alimentation, se fait par les *stomates*, ouvertures d'un très-petit diamètre, relativement peu nombreuses à la surface supérieure des feuilles, très-nombreuses au contraire à leur surface inférieure, qui en est comme criblée. Quand l'arrivée des premiers froids de l'automne ralentit le mouvement d'ascension de la séve, les feuilles commencent par jaunir et finissent par tomber. La respiration végétale ne pouvant plus avoir lieu, la vie végétale subit un temps d'arrêt forcé. C'est ce qui n'a pas lieu sous les tropiques, où la température maintient la sève toujours en mouvement; de nouvelles feuilles succèdent à celles qui tombent; les végétaux n'en sont jamais dépouillés; la respiration végétale fonctionne sans interruption.

Les plantes aquatiques, telles que le Nénufar (*Nymphea*), qui vivent habituellement sous l'eau et ne viennent se développer à la surface que quand elles sont près de fleurir, respirent cependant en absorbant et décomposant la petite quantité d'air que l'eau tient en dissolution.

Au moment de la naissance d'une plante, les phénomènes de sa nutrition ne s'opèrent pas immédiatement de la manière qui vient d'être esquissée. Prenons pour exemple un noyau d'abricot mis en terre. Tant que la température de la terre qui recouvre ce noyau n'est pas suffisamment élevée, le noyau ne change pas d'état; il passe ainsi tout l'hiver sans subir aucune modification. Au printemps, si la terre, déjà suffisamment échauffée, se trouve trop sèche, le noyau ne se modifie pas. Mais s'il survient des pluies douces, si la terre devient en même temps chaude et humide, alors, sous la double influence de la chaleur et de l'humidité, l'amande se gonfle, le bois du noyau se ramollit, se fend sur le côté et laisse passer d'abord la *radicule*, première partie de l'embryon qui se développe. Puis, dans le sens opposé de l'embryon, la tige se soulève et sort de terre, emportant avec elle les deux lobes ou cotylédons, qui, par leur réunion, composaient l'amande du noyau d'Abricot. Au bout de quelques jours, la radicule s'enfonce en terre et devient racine; les cotylédons, au contact de l'air, deviennent des feuilles séminales en passant du blanc au vert. Durant tout cet intervalle, de quoi se nourrit le jeune Abricotier? Ce n'est pas de ce que lui envoie sa racine, qui a besoin elle-même d'être nourrie; ce n'est pas non plus de ce qu'il reçoit de ses feuilles; elles sont encore à l'état rudimentaire. Il vit de la substance même des cotylédons, qui se décomposent pour alimenter l'embryon, jusqu'à ce que celui-ci soit pourvu d'organes propres à remplir les fonctions de nutrition, telles qu'on vient de les décrire. Dès que le jeune arbre est arrivé à ce point de développement, les cotylédons, qui ont fait leur office et ne sont plus bons à rien, se dessèchent et tombent. Tous les végétaux, depuis le brin d'herbe né d'une graine à peine visible, jusqu'au Chêne colossal sorti d'un gland pour commencer une existence plusieurs fois séculaire, débutent ainsi dans la vie végétale. Quant à leur accroissement ultérieur, il dépend en partie de l'espèce, en partie aussi du sol et du climat. Dans son séjour de trois ans sur les côtes de la mer Glaciale, l'amiral Wrangel a observé des Mélèzes croissant sur de vastes espaces au nord du cercle polaire. Sous ces latitudes élevées, le Mélèze n'est plus l'arbre élégant, au tronc droit, élancé, tel qu'il existe sous les climats tempérés; c'est un arbuste tortillé qui dépasse rarement la hauteur d'un mètre.

Fonctions de reproduction.— Fécondation. — L'un des faits les plus curieux de l'histoire naturelle des végétaux, c'est sans contredit la manière dont fonctionnent les organes reproducteurs des plantes. Quoique la plupart des végétaux, ainsi qu'on l'a fait remarquer plus haut, puissent être multipliés les uns de bouture, les autres par la plantation de leurs tubercules, comme la Pomme de Terre et le Dahlia, ou par leurs tiges traçantes, comme le Fraisier, il est certain que sans leurs organes reproducteurs, qui donnent aux graines la faculté germinative, beaucoup d'espèces végétales disparaîtraient de la surface de la terre, tant parmi les plantes sauvages que parmi les plantes cultivées. Ce n'est que de nos jours, à l'aide des observations microscopiques multipliées avec persévérance, qu'il a été possible de vérifier avec exactitude comment fonctionnent les organes reproducteurs.

On savait depuis la fin du seizième siècle, époque à laquelle remonte la connaissance des sexes chez les plantes, que le pollen des étamines mis en contact avec le stigmate du pistil, opère la fécondation de l'ovule dans l'ovaire, et convertit l'ovule en graine, douée de la faculté de germer, c'est-à-dire de reproduire et de perpétuer les races végétales. Les peuples orientaux, spécialement les Arabes, savaient de toute antiquité que la poussière des étamines du Dattier mâle est nécessaire à la fécondation des fleurs du Dattier femelle, et que, quand cette fécondation ne peut avoir lieu, le Dattier femelle ne produit pas de dattes. En examinant les choses de plus près, on est arrivé à une notion plus précise du phénomène de la fécondation. Dans les fleurs hermaphrodites, dans celles du Poirier, par exemple, les étamines s'inclinent tour à tour vers le pistil pour verser sur lui leur pollen. Quand le pistil est beaucoup plus long que les filets des étamines, c'est lui qui se penche vers les étamines pour recevoir le pollen. Les grains du pollen, vus au microscope, ont la forme d'un œuf. La coque mince de cet œuf ne résiste pas au contact de l'humidité, si le pollen est mouillé avant d'arriver à sa destination, la fécondation n'a pas lieu. Les fonctions de la corolle sont principalement d'abriter les étamines et le pistil, et d'empêcher ces organes d'être mouillés, avant que la fécondation des ovules soit accomplie. Les plantes aquatiques, spécialement le Nénufar, dont les boutons à fleurs se forment sous l'eau, ne produiraient jamais de graine, si ces boutons ne venaient s'épanouir à la surface de l'eau. Dès que les étamines ont rempli leur mission, la fleur se replonge sous l'eau, dans laquelle la graine fécondée achève de grossir et de mûrir.

Cette protection donnée par la corolle aux étamines rend compte d'un fait en apparence anormal, l'inégalité de durée de la floraison chez les végétaux. Quelques fleurs, entre autres celle du *Tigridia pavonia*, très-belle plante bulbeuse d'ornement, ne restent épanouies que pendant une ou deux heures de la matinée. C'est que, dans ces fleurs, dès qu'elles s'épanouissent, la fécondation s'opère; la corolle, devenue inutile, se flétrit et tombe. Chez les fleurs doubles, au contraire, les organes reproducteurs s'étant convertis en pétales, la fécondation ne peut avoir lieu: il semble que la corolle attende longtemps un acte qui ne saurait s'accomplir; elle finit par tomber, de guerre lasse. Chez les plantes de la famille des Orchidées, l'une des plus riches en plantes d'ornement de la flore des contrées tropicales, la floraison se prolonge pendant plusieurs semaines; c'est qu'il faut tout ce temps aux organes reproducteurs des Orchidées pour remplir leurs fonctions.

On peut faire à ce sujet une expérience tout à fait concluante. Deux genres de plantes d'ornement très-communes dans les jardins, le Rhododendrum et l'Azalée portent au printemps des fleurs nombreuses qui ne durent individuellement pas plus d'un jour ou deux. La fécondation opérée, la corolle se flétrit, se détache, et si l'air est calme, elle reste suspendue ou pistil dont l'extrémité se termine en crochet.

Coupez avec des ciseaux fins les organes reproducteurs d'une fleur de *Rhododendrum* ou d'Azalée, au moment où elle commence à s'épanouir : qu'arrive-t-il ? La corolle attend pendant plusieurs jours une fécondation rendue impossible ; enfin l'arbuste se lasse de lui envoyer de la séve ; la corolle se dessèche et tombe ; mais le retranchement des organes reproducteurs a prolongé de plusieurs jours la durée ordinaire de la floraison de l'arbuste.

Il ne faut, pour que la graine soit fécondée, qu'un très-petit nombre de grains de pollen, et, en effet, c'est à peine si quelques-uns de ces grains parviennent à leur destination. Le stigmate du pistil est enduit d'une sorte de vernis gluant qui retient les grains de pollen et facilite leur descente le long du tube du style. Dans ce trajet, on voit les grains de pollen changer de forme ; une de leurs extrémités s'allonge comme le goulot d'une fiole, pénètre jusqu'aux ovules et finit par les toucher. Aussitôt en contact avec l'ovule, le grain de pollen crève, répand son contenu sur l'ovule, et la fécondation est opérée.

Dans les jardins et les vergers, les abeilles et les autres insectes ailés qui voyagent sans cesse d'une fleur dans l'autre pour puiser au fond de la corolle le peu de matière sucrée qui s'y trouve, aident à la fécondation des semences, par conséquent à la formation du fruit; car, ainsi qu'on l'a expliqué, le fruit c'est le péricarpe, et si la semence n'est pas fécondée, le péricarpe ne se forme pas. Les insectes, dont les pattes, le corselet et les ailes se chargent de pollen tout fraîchement épanché, le mettent, sans le vouloir et sans le savoir, en contact avec le stigmate du pistil. Les jardiniers, de nos jours, ont su tirer un très-grand parti du procédé aujourd'hui vulgaire de la fécondation artificielle. Ce procédé consiste à transporter artificiellement du pollen d'une fleur sur le stigmate du pistil d'une autre fleur d'une espèce ou variété très-voisine de la première. Le semis des graines ainsi fécondées donne souvent naissance à des sous-variétés hybrides, dont les fleurs ou les fruits sont intermédiaires entre les deux variétés dont l'une a fourni le pollen et l'autre l'ovaire.

Dissémination. — La nature agit à l'égard des graines comme à l'égard des grains de pollen; elle les prodigue, afin que, dans le nombre, il s'en trouve toujours quelques-unes qui rencontrent des conditions favorables et donnent naissance à des plantes capables de porter graine à leur tour. Elle prend dans ce but un grand luxe de précautions, tant pour les grands arbres des forêts que pour les plantes les plus humbles. Beaucoup de graines de grands arbres, entre autres celle de l'Erable et celle de l'Orme, sont accompagnées d'une membrane qui donne prise au vent, et lui permet de disperser ces semences en les emportant à des distances souvent considérables. Diverses plantes, entre autres le Chardon et le Pissenlit, donnent des graines très-légères, surmontées d'une aigrette plumeuse qui leur permet de se soutenir en l'air, et d'aller tomber très-loin de leur point de départ. Quelques plantes d'ornement, telles que la Pensée et la Balsamine de nos jardins, produisent une grande quantité de semences. Si toutes ces graines tombaient au pied de la plante et produisaient des plantes nouvelles, celles-ci s'étoufferaient réciproquement et pas une ne parviendrait à son développement complet ; mais les capsules qui renferment les graines s'ouvrent brusquement à l'époque de la maturité, et lancent les semences dans toutes les directions, de sorte que le voisinage de la plante mère ne peut empêcher la reproduction par semis naturel. Pour les semences volumineuses et dures, un autre procédé de dissémination sert au repeuplement des forêts. Divers oiseaux avides de glands, spécialement le geai, que les naturalistes nomment corbeau à glands (*corvus glandarius*), avalent plus de glands qu'ils n'en peuvent digérer ; les glands non digérés sont rejetés, par conséquent semés, avec les déjections du geai ; ils deviennent des Chênes, le temps aidant.

Phénomènes généraux. — Mouvements des plantes. — On a vu dans les explications données ci-dessus, que les plantes ont un besoin absolu du contact de la lumière pour que leurs parties vertes prennent la coloration qui leur est propre. La lumière et la chaleur sont également indispensables pour que les fleurs et les fruits puissent acquérir la coloration et le parfum propres à chaque espèce. La graine, au contraire, n'a besoin pour germer que d'humidité et de chaleur. C'est pourquoi, dans les jardins, beaucoup de semis se font à fleur de terre et sont recouverts de litière ou de paillassons ; au contact de la lumière les graines ne lèveraient pas. Dès qu'elles sont levées, les jeunes plantes, ayant impérieusement besoin de lumière, la litière ou les paillassons doivent être enlevés.

Parmi les phénomènes que présentent les diverses phases de l'existence des végétaux, les plus remarquables sont les mouvements qu'ils exécutent fréquemment d'une manière en quelque sorte spontanée. On sait que l'un des caractères du règne végétal, c'est que les êtres qui en font partie sont privés de la faculté de se déplacer ; là où ils naissent, il faut qu'ils meurent. S'ils ne se déplacent pas, ils ne sont pourtant pas tous privés d'une manière absolue de la faculté de se mouvoir. Ce phénomène se produit journellement chez les plantes volubiles, telles que le Haricot et le Liseron. Si les tiges de ces plantes sont, par une cause accidentelle, forcées de désobéir passagèrement à la loi de leur nature, qui veut qu'elles s'enroulent les unes de gauche à droite, les autres de droite à gauche, on les voit se déranger de la position forcée où elles ont été maintenues et reprendre comme par un mouvement volontaire leur direction naturelle. Si, par force majeure, il ne leur est pas possible de reprendre leur direction, elles meurent.

Quelques végétaux exécutent des mouvements encore plus singuliers. Tout le monde connaît la faculté que possède la Sensitive (*Mimosa pudica*) de replier les unes contre les autres les folioles de ses feuilles composées, lorsqu'on touche du doigt leurs extrémités. Le même fait se reproduit lorsque la Sensitive en pot est transportée en voiture. Au départ, dès les premières secousses que lui imprime le mouvement de la voiture, elle s'empresse de replier ses feuilles ; puis, peu à peu, comme si elle avait reconnu que ces secousses ne peuvent lui nuire, elle déploie de nouveau ses folioles ; mais, au moindre contact subit, elle recommence à les replier. Il y a dans ces divers mouvements, qui ont toutes les apparences de la spontanéité, quelque chose d'inexpliqué, dont la cause nous échappe.

Mort des végétaux.—La durée de la vie des végétaux est très-variable; ils sont, sous ce rapport, *annuels*, *bisannuels* et *vivaces*. Les plantes annuelles naissent d'une semence confiée à la terre au printemps, croissent, fleurissent et mûrissent leur graine dans le courant de la belle saison ; ex. : le Maïs et le Sarrasin. Les plantes bisannuelles commencent à végéter au printemps d'une année; elles ne fleurissent et ne portent graine que l'année suivante ; ex. : l'Ognon, la Carotte, la Betterave. Les plantes vivaces, dont les tiges ne sont pas ligneuses, ne sont réellement vivaces que par leurs racines. Chaque printemps, pendant un nombre d'années indéterminé, les racines émettent une touffe de jeunes tiges qui meurent après avoir fleuri et porté graine ; ex. : la *Dielytra spectabilis* de la Chine. Les plantes vivaces dont les tiges sont ligneuses sont des arbres ou des arbustes; tous ces végétaux, sous le climat européen, sont sujets au sommeil hivernal. Il en est, parmi les arbres fruitiers de nos vergers, dont la durée peut être artificiellement rendue indéfinie. Prenons pour exemple un Poirier cultivé en espalier. A l'âge de quarante à cinquante ans, ce Poirier est vieux; il ne pousse presque plus en bois; il se couvre d'une profusion de fleurs, qui ne donnent pas de fruit, ou n'en donnent presque pas; c'est le signe évident de sa décrépitude. Alors, le jardinier s'empresse de le *receper*, c'est-à-dire de retrancher les grosses branches de sa charpente, et d'y poser un nombre suffisant de greffes en couronne. A mesure que ces greffes entrent en végétation, elles se substituent aux anciennes branches et finissent par envoyer dans le sol de jeunes racines qui leur correspondent. En quelques années, le poirier est reconstitué à neuf, les vieilles racines qui correspondaient aux anciennes branches recepées, se détruisent en terre; il ne reste rien du vieil arbre, qui pourtant n'a pas cessé d'occuper sa place le long du mur, et semble être toujours le même. Ce mode de rajeunissement pouvant être répété un nombre de fois indéterminé, il s'ensuit que la durée du Poirier rajeuni peut être indéfinie.

La mort des végétaux et la décomposition de leurs débris influent d'une manière prépondérante sur les conditions d'habitabilité des diverses contrées du globe. Les plaines de sable de l'Afrique et de l'Asie ne sont désertes que parce que l'absence d'eau y rend la végétation impossible; toute portion de ces déserts où l'on peut faire arriver l'eau, premier élément de la végétation, devient en très-peu de temps habitable ; les végétaux décomposés y créent le sol propre à la culture. En France, après la chute de l'Empire romain, les plaines dépeuplées par les barbares se couvrirent de bois ; sous les premiers rois Mérovingiens, tout l'espace compris entre le cours de la Loire et celui de la Seine, était devenu une forêt d'un seul morceau ; le pays resta en cet état pendant plus de trois siècles. Puis, quand la population s'accrut et qu'on se remit à défricher, les débris des feuilles mortes et du bois pourri avaient créé une couche de terre cultivable d'une inépuisable fertilité ; c'est la Beauce, encore aujourd'hui renommée comme l'une des parties les plus fertiles de la France.

Sur un autre point de notre territoire, dans les cantons les plus stériles des départements de l'Aube et de la Marne, le sol, composé d'une couche épaisse de craie presque pure, est par lui-même rebelle à toute production agricole. Mais, partout où il est possible d'y faire croître des Pins, qui ne refusent pas d'une manière absolue d'y végéter, les aiguilles de ces arbres et les restes de leurs branches mortes accumulés sur le sol, finissent par fournir des éléments à une culture plus profitable. Quand les Pins parviennent à l'âge où ils peuvent être abattus, la terre mêlée aux substances végétales décomposées qu'ils ont déposées à sa surface, est devenue propre à recevoir toute espèce de culture. Tel est le rôle que jouent sur notre planète la mort des végétaux et la décomposition de leurs restes. On a déjà fait remarquer que les végétaux de toute espèce vivent en partie aux dépens de la terre par leurs racines, en partie aux dépens de l'air par leurs feuilles et leurs parties vertes herbacées. Quand ces végétaux meurent, ils ne rendent pas seulement au sol ce qu'ils lui ont emprunté pendant le cours de leur existence; ils y ajoutent, de plus, ce qu'ils ont puisé d'éléments solides dans l'atmosphère.

CHAPITRE IV

—

CLASSIFICATION.

Dès que la Botanique s'est trouvée assez avancée pour prendre son rang parmi les divisions de l'histoire naturelle, on s'est bien vite aperçu de l'impossibilité de retenir les noms, les caractères et les propriétés des plantes, sans les classer dans un ordre quelconque, en les disposant par groupes, d'après des règles adoptées d'un commun accord par tous ceux qui s'occupent de l'étude de la Botanique. L'honnenr du premier essai sérieux dans cette voie revient à Tournefort, médecin français du dix-septième siècle, l'un des premiers, sinon le premier botaniste de son temps ; la publication de la méthode de Tournefort, alors professeur de botanique au Jardin des Plantes de Paris, date de l'année 1691.

Cette méthode partage d'abord tous les végétaux en *arbres* et en *herbes*, distinction peu rationnelle, qui sépare les uns des autres des végétaux très-analogues entre eux par leur organisation et leurs propriétés. Les autres divisions de la méthode de Tournefort sont basées sur un organe unique, la fleur, sur ses formes diverses, sa présence ou son absence. Aujourd'hui que la science a marché et qu'elle met à notre disposition une classification plus rationnelle, la méthode de Tournefort nous semble très-défectueuse et elle l'est en effet; mais, en 1691, elle fut acceptée avec enthousiasme, et elle le méritait; car, jusqu'à cette époque, les naturalistes n'avaient proposé, pour classer les plantes, rien qui méritât de lui être comparé. On insiste peu sur les détails de la méthode de Tournefort, qui n'est plus d'aucun usage; elle appartient seulement à l'histoire de la botanique. Tournefort avait établi pour toutes les plantes connues de son temps 22 classes, dont quelques-unes sont si naturelles qu'elles ont dû être maintenues dans les classifications introduites après lui.

Méthode de Tournefort.

Première classe. Fleurs Campanuliformes (en cloches), ex. : *Campanule.*

Deuxième classe. Fleurs Infundibuliformes (en entonnoir), ex. : *Tabac.*

Troisième classe. Fleurs Personnées (en museau d'animal), ex. : *Muflier.*

Quatrième classe. Fleurs Labiées (partagées en deux lèvres), ex. : *Sauge*.

Cinquième classe. Fleurs Cruciformes (4 pétales en croix), ex. : *Giroflée simple*.

Sixième classe. Fleurs Rosacées (5 pétales en rosace), ex. : *Eglantine*.

Septième classe. Fleurs Ombellifères (fleurs en parasol), ex. : *Carotte*.

Huitième classe. Fleurs Caryophyllées (5 pétales onguiculés), ex. : *Œillet simple*.

Neuvième classe. Fleurs Liliacées (calice coloré), ex. : *Tulipe*.

Dixième classe. Fleurs Papillionacées (fleurs en forme de papillon), ex. : *Pois*.

Onzième classe. Fleurs Anomales (sans forme déterminée, ex. : *Violette*.

Douzième classe. Fleurs Flosculeuses (composées de fleurons), ex. : *Chardon*.

Treizième classe. Fleurs Semi-flosculeuses (composées de demi-fleurons), ex : *Chicorée*.

Quatorzième classe. Fleurs Radiées (entourées de rayons), ex. : *Soleil*.

Quinzième classe. Fleurs Apétales à étamines (dépourvues de pétales), ex. : *Froment*.

Seizième classe. Fleurs Apétales sans fleurs (fleurs absentes), ex. : *Fougère*.

Dix-septième classe. Fleurs Apétales sans fleur ni fruit (Cryptogame), ex. : *Champignon*.

Dix-huitième classe. Fleurs Apétales proprement dites (fleurs sans pétales), ex. : *Buis*.

Dix-neuvième classe. Fleurs Amentacées (fleurs en chaton), ex. : *Chêne.*

Vingtième classe. Fleurs Monopétales (corolle d'une pièce), ex. : *Lilas.*

Vingt et unième classe. Fleurs Rosacées (en arbres), ex. : *Pommier.*

Vingt-deuxième classe. Fleurs Papillionacées (en arbres), ex. : *Cytise.*

Système de Linné. — La méthode de Tournefort était généralement adoptée en Europe, et presque tous les jardins consacrés a l'étude de la Botanique étaient plantés selon cette méthode, lorsque, vers 1735, parut le système de Linné. Ce grand naturaliste ne s'était pas borné à la classification des végétaux; il avait catalogué, décrit et classé les êtres des trois règnes; mais, ce sont ses travaux sur la Botanique qui ont rendu son nom immortel.

Cependant, les côtés défectueux du système de Linné n'ont pas tardé à se manifester à mesure que la botanique était mieux étudiée dans toutes ses parties. Ce système, comme la méthode de Tournefort, appartient aujourd'hui à l'histoire de la science ; on se borne à en donner un rapide aperçu, en constatant que, tant qu'il a vécu, ses applications ont été un progrès par rapport à celles de la méthode de Tournefort, et ont servi de transition pour arriver à la *méthode naturelle*, actuellement seule en usage.

Linné, considérant avec raison les fonctions des organes reproducteurs des plantes comme les plus importantes de tout l'organisme végétal, nommait lui-même sa classification *Système sexuel*. Mais, une grande partie des végétaux connus n'ont pas d'organes sexuels, ou, s'ils en ont, ces organes échappent aux observations des botanistes. Linné, sans égard aux autres caractères de ces plantes, les réunit toutes dans une seule classe. De même que Tournefort avait établi deux grandes divisions principales comprenant d'une part tous les arbres, de l'autre, toutes les herbes, Linné commença par ranger tous les végétaux en deux grandes classes : ceux dont les organes reproducteurs sont apparents, sous le nom de *Phanérogames*, et ceux dont les organes reproducteurs ne sont pas apparents, sous le nom de *Cryptogames*. Tous les végétaux phanérogames forment 23 classes ; les cryptogames, tous pêle-mêle, constituent la vingt-quatrième. Les douze premières classes sont basées sur le nombre des étamines ; la treizième, sur leur insertion ; la quatorzième, sur la différence de longueur des filets des étamines ; la quinzième, sur le même caractère, mais les fleurs de cette classe ont six étamines ; ceux de la quatorzième n'en ont que quatre ; la seizième, sur la réunion des étamines en un seul faisceau ; la dix-septième, sur la réunion des étamines en deux faisceaux; la dix-huitième, sur la réunion des étamines en plusieurs faisceaux; la dix-neuvième, sur la soudure des anthères en un seul cylindre; la vingtième, sur la position des étamines par rapport au pistil; la vingt et unième, sur des fleurs mâles et femelles isolées sur la même plante; la vingt-deuxième sur des fleurs de sexes différents sur des plantes séparées; la vingt-troisième sur des fleurs mâles, femelles et hermaphrodites sur la même plante; la vingt-quatrième et dernière, sur l'absence des organes sexuels.

Système de Linné.

Première classe. Monandrie (une seule étamine), ex. : *Hippuris.*

Deuxième classe. Diandrie (deux étamines), ex. : *Véronique.*

Troisième classe. Triandrie (trois étamines), ex. : *Froment.*

Quatrième classe. Tétrandrie (quatre étamines), ex. : *Garance.*

Cinquième classe. Pentandrie (cinq étamines), ex. : *Bourrache.*

Sixième classe. Hexandrie (six étamines), ex. : *Asperge.*

Septième classe. Heptandrie (sept étamines), ex. : *Marronnier d'Inde.*

Huitième classe. Octandrie (huit étamines), ex. : *Bruyère.*

Neuvième classe. Ennéandrie (neuf étamines), ex. : *Laurier.*

Dixième classe. Décandrie (dix étamines), ex. : *Rue.*

Onzième classe. Dodécandrie (douze étamines), ex. : *Réséda.*

Douzième classe. Icosandrie (vingt étamines ou un plus grand nombre sur le calice), ex. : *Prunier.*

Treizième classe. Polyandrie (vingt étamines ou au delà, insérées sur le réceptacle), ex. : *Renoncule.*

Quatorzième classe. Didynamie (quatre étamines, dont deux plus longues), ex. : *Lavande.*

Quinzième classe. — Tetradynamie (six étamines, dont quatre plus longues), ex. : *Chou.*

Seizième classe. Monadelphie (étamines en un seul faisceau), ex. : *Guimauve.*

Dix-septième classe. Diadelphie (étamines en deux faisceaux), ex. : *Fumeterre.*

Dix-huitième classe Polyadelphie (étamines en plus de deux faisceaux), ex. : *Millepertuis.*

Dix-neuvième classe. Syngénésie (étamines soudées par les anthères), ex. : *Laitue.*

Vingtième classe. Gynandrie (étamines et pistils réunis), ex. : *Aristoloche.*

Vingt et unième classe. Monœcie (fleurs

mâles et fleurs femelles séparées, sur le même individu), ex. : *Chêne.*

Vingt-deuxième classe. Diœcie (fleurs mâles et femelles séparées, sur des individus différents), ex. : *Dattier.*

Vingt-troisième classe. Polygamie (fleurs mâles, femelles et hermaphrodites sur le même individu), ex. : *Frêne.*

Vingt-quatrième classe. Cryptogamie (pas d'organes reproducteurs visibles), ex. : *Champignon*

Méthode naturelle de Jussieu. — Antoine-Laurent de Jussieu, cherchant à éviter les lacunes et les anomalies des méthodes précédemment introduites pour la classification des végétaux, choisit pour point de départ une base plus large et plus générale. Ayant remarqué les rapports intimes de l'organisation de la graine avec toute l'organisation du végétal auquel la graine doit donner naissance, il fonda sur l'embryon, germe de tout végétal, trois grandes divisions. Dans la première, il réunit toutes les plantes dont l'embryon n'est accompagné d'aucun cotylédon; dans la seconde, celles dont l'embryon est accompagné d'un seul cotylédon; dans la troisième, celles dont l'embryon est enfermé entre deux cotylédons. Par cette division parfaitement naturelle, tout le règne végétal se trouva rangé dans trois classes : 1° Les Acotylédonées; 2° les Monotylédonées; 3° les

Dicotylédonées. Puis, empruntant en partie aux systèmes antérieurs, en partie à l'observation des faits, d'autres caractères puisés, les uns dans la forme de la corolle, sa présence ou son absence, les autres dans la position des étamines relativement au pistil, il en fit sortir la classification la plus simple et la plus commode du règne végétal. En effet, ce n'est pas arbitrairement que le nom de *Méthode naturelle* a été donné à la classification de Jussieu; elle range réellement tous les végétaux connus d'après leur plus grande analogie entre eux, de telle sorte qu'il n'est pas possible de méconnaître la parenté des plantes ainsi rapprochées les unes des autres par la méthode naturelle.

Les trois grands *embranchements* primitifs qui partagent les plantes en Acotylédonées, Monocotylédonées et Dicotylédonées, forment quinze classes, dont chacune est composée d'un certain nombre de familles.

Les plantes de chaque famille sont partagées en *genres;* les genres sont divisés en *espèces*, et, s'il y a lieu, les espèces ont pour subdivisions les variétés et les sous-variétés. Chaque plante présente d'une manière facile à saisir, outre les caractères distinctifs de sa classe, de sa famille et de son genre, un certain nombre d'autres caractères qui en déterminent l'espèce ou la variété. En outre, quand les familles ont semblé trop nombreuses, afin de prévenir toute confusion, elles ont été partagées en groupes sous le nom de tribus d'après des caractères botaniques de nature à rendre les plantes de la même tribu facilement reconnaissables.

Le premier embranchement, celui des Acotylédonées, suffisamment déterminé par l'absence des cotylédons, ne forme qu'une seule classe, l'Acotylédonie. Cette classe ne contient qu'un petit nombre de familles dont les principales sont les Mousses, les Champignons et les Fougères; c'est la première classe de la méthode naturelle.

Le second embranchement, celui des Monocotylédonées, comprend tous les végétaux dont la graine n'a qu'un seul cotylédon. Les étamines, constituant l'organe mâle, qui manquent chez toutes les plantes Acotylédonées, existent chez toutes les Monocotylédonées, qui d'ailleurs sont dépourvues de corolle et n'ont pas de fleurs dans le sens vulgaire de cette expression. La position des étamines, par rapport au pistil, a servi à déterminer les trois classes qui composent l'embranchement des Monocotylédonées ; ce sont les deuxième, troisième et quatrième classes de la méthode naturelle.

Le troisième embranchement, celui des Dicotylédonées, comprend un nombre de végétaux bien plus considérable que les deux précédents; il en est résulté la nécessité d'y introduire un plus grand nombre de divisions fondées sur divers organes. Cette partie de la classification végétale par la méthode naturelle se rapproche de la méthode de Tournefort, en prenant pour point de départ la corolle, qui peut être absente ou présente, formée d'un seul pétale ou de plusieurs pétales. Ces caractères, les plus faciles de tous à saisir au premier aspect, réunissent des plantes dont l'analogie entre elles est évidente. Chez les plantes dicotylédonées *apétales*, c'est-à-dire où la corolle manque, les caractères puisés dans le mode d'insertion des étamines fournissent les cinquième, sixième et septième classes. Chez les plantes Dicotylédonées dont la corolle est *monopétale*, c'est-à-dire formée d'une seule pièce, l'insertion des étamines sur la corolle et leur position par rapport au pistil donnent les caractères des huitième, neuvième, dixième et onzième classes. L'application du même principe aux plantes dicotylédonées, dont la corolle est *polypétale*, c'est-à-dire formée de plusieurs pétales, fournit encore les caractères des douzième, treizième et quatorzième classes.

Une quinzième classe réunit les plantes dicotylédonées, dont les organes reproducteurs mâles ou femelles sont placés sur des pieds séparés, ce qui s'oppose à ce que ces plantes puissent prendre place dans les quatorze classes précédentes.

Ainsi, la situation de l'embryon, dépourvu de cotylédons ou bien accompagné d'un ou de deux cotylédons, l'absence, la présence et la forme de la corolle, la situation relative des organes reproducteurs, ont suffi pour ranger tous les végétaux du globe dans l'ordre le plus rationnel, selon la méthode qui facilite le plus le travail de la mémoire ; c'est donc bien réellement et dans le vrai sens du mot, la méthode naturelle par excellence.

Méthode naturelle de ***Jussieu.***

Première classe. Acotylédonie (pas d'organes sexuels).

Deuxième classe. Monohypogynie (étamines insérées sous le pistil).

Troisième classe. Monopérigynie (étamines autour du pistil).

Quatrième classe. Monoépigynie (étamines insérées sur le pistil).

Cinquième classe. Epistaminie (corolle absente, étamines insérées sur le pistil).

Sixième classe. Péristaminie (corolle absente, étamines insérées autour du pistil).

Septième classe, Hypostaminie (corolle absente, étamines insérées sous le pistil).

Huitième classe. Hypocorollie (corolle monopétale, insérée au-dessous du pistil).

Neuvième classe. Péricorollie (corolle monopétale, insérée autour du pistil).

Dixième classe. Synanthérie (corolle monopétale sur le pistil ; anthères réunies).

Onzième classe. Corysanthérie (corolle monopétale sur le pistil, anthères distinctes).

Douzième classe. Epipétalie (corolle polypétale, étamines insérées sur le pistil).

Treizième classe. Hypopétalie (corolle polypétale, étamines insérées sur le pistil).

Quatorzième classe. Péripétalie (corolle polypétale, étamines insérées autour du pistil).

Quinzième classe. Diclinie (étamines séparées du pistil).

CHAPITRE V

—

PHYTOGRAPHIE. — DESCRIPTION DES PLANTES.

Si l'on envisage l'échelle entière du règne végétal, en remontant des végétaux les plus simples aux plus complétement organisés, on trouve parmi eux une infinie variété de formes et d'aspects, de caractères extérieurs et de propriétés utiles ou nuisibles. La description de cette multitude d'êtres compose une division distincte de la Botanique, sous le nom de *Phytographie*. Le cadre de la Botanique élémentaire n'admet pas la description de toutes les familles comprises dans la méthode naturelle, avec leurs tribus, groupes, genres, espèces, variétés et sous-variétés. Mais, dans chaque grande division, il y a des espèces qui en résument au plus haut degré les caractères essentiels; il y a des plantes qui nuisent à l'homme, d'autres qui lui servent ou qui peuvent lui servir; ce sont les végétaux qu'il importe le plus de connaître. La Phytographie, dans ces limites, est le complément obligé de la Botanique élémentaire.

Acotylédonie. — Les végétaux de cette classe n'ont, comme on le voit sur le tableau de la méthode, ni fleurs, ni organes sexuels; ils ne se reproduisent pas par des grains renfermant des embryons, comme les autres plantes; ils ne peuvent, par conséquent, avoir rien qui ressemble à des cotylédons. On a proposé de donner aux plantes acotylédonées le nom d'*Inembryonées*, c'est-à-dire dépourvues d'embryon. Ce nom n'a point été généralement accepté, et, en effet, de ce que l'imperfection de nos moyens d'observation ne nous permet pas de reconnaître chez les Acotylédonées l'existence d'un embryon, il ne s'ensuit pas nécessairement que l'embryon n'existe pas. Dans l'enseignement de la Botanique, on a conservé avec raison à cette classe de végétaux le nom de Cryptogames que leur avait imposé Linné. Ce nom n'est pas seulement plus court et d'un usage plus facile que les désignations d'Acotylédonées et d'Inembryonées; il est en même temps plus exact, car il signifie non pas que les organes reproducteurs n'existent pas, ce qu'il est impossible d'affirmer, mais que ces organes, s'ils existent, échappent à nos moyens d'observation, ce qui est l'expression de la vérité.

Les Algues, les Champignons, les Lichens,

les Mousses, les Equisétacées et les Fougères, sont les familles principales qui composent l'Acotylédonie ou classe des Cryptogames.

Les ALGUES sont toutes des plantes aquatiques, les unes d'eau douce, les autres d'eau salée. Les Algues d'eau douce offrent peu d'intérêt; elles composent cette sorte d'écume verdâtre qui se produit à la surface des eaux douces stagnantes; les botanistes y distinguent plusieurs genres désignés sous les noms de Conferves, Trémelles et Nostochs. L'extrême rapidité de reproduction de ces Algues permettrait de les enlever à plusieurs reprises et de les utiliser comme engrais végétal. Parmi les Algues marines ou d'eau salée, on utilise les Varechs dont une variété, la Zostère, est employée à l'état sec pour remplir des matelas et des traversins économiques d'un très-bon usage. Les autres Varechs ramassés en grands monceaux au bord de la mer, y sont séchés et brûlés; leurs cendres donnent de la soude en quantité considérable. D'autres Algues nommées en langue celtique *Gui-mon*, en français *Gaëmons*, sont recueillies en grandes masses sur toutes les côtes de la presqu'île Armoricaine, ancienne Bretagne, et enfouies dans le sol cultivé comme un excellent engrais.

Les CHAMPIGNONS, dont quelques-uns sont des poisons violents, tandis que d'autres servent à la nourriture de l'homme, ne sont pas, comme on le croit communément, des plantes à proprement parler. Tout Champignon, quel qu'il soit, naît d'une tige souterraine filamenteuse, que les botanistes nomment *mycélium* ; le Champignon est la fructification du mycélium ; il renferme, sous forme d'une poussière très-divisée les spores ou germes qui reproduisent le mycélium de leur espèce ; puis, le mycélium reproduit les Champignons. Les espèces comestibles, dont la plus commune est la Pratelle ou Champignon des prés, qu'on multiplie par la culture, obéissent à la même loi ; les couches à Champignons sont composées de fumier dans lequel on introduit du blanc de Champignon, c'est à-dire du mycélium.

Quand celui-ci s'est emparé de toute la couche de fumier, il en sort des Champignons qui ne sont, on le répète, que la fructification du mycélium. Il n'est pas douteux qu'après quelques études qui ne semblent pas offrir de bien grandes difficultés, on ne puisse reproduire à volonté par la culture les mycéliums de tous les Champignons comestibles. Ce point obtenu, il y aurait lieu de prendre des mesures sévères pour interdire d'une manière absolue l'usage des Champignons non cultivés, parmi lesquels les bons peuvent facilement être confondus avec les mauvais. Parmi les Champignons qui croissent en France à l'état sauvage, la Morille

Morille.

est le seul qui ne ressemble ni de près ni de loin à aucune espèce de Champignon vénéneux ou suspect. On peut par conséquent le manger en toute sécurité ; c'est un aliment agréable, salubre et très-nourrissant.

Il y a dans le genre Agaric des Champignons énormes ; on cite comme l'un des plus gros qui existent un Agaric souterrain assez répandu dans la Grande-Bretagne. Lorsque ce Champignon s'empare du sous-sol des rues des villes, sa force de végétation est telle qu'il dérange et soulève les plus gros pavés. D'autres Champignons, tout en conservant les caractères botaniques de leur famille, sont si petits qu'il faut un microscope pour en distinguer les formes. Tel est en particulier l'Oïdium considéré comme la cause de la maladie de la Vigne.

Les Lichens ont une organisation encore plus simple que celle des Champignons ; ils consistent en une simple membrane presque toujours dure et coriace ; ils croissent indistinctement sur le sol, sur l'écorce des arbres et à la surface des rochers ; ils puisent dans l'air et surtout dans l'humidité dont l'air est chargé toute leur nourriture végétale. Deux Lichens seulement ont une grande importance économique; ce sont l'Orseille et le Lichen d'Islande. L'Orseille fournit à l'industrie la matière colorante qui porte son nom; le Lichen d'Islande, répandu non-seulement en Islande, mais aussi en Laponie et dans toute la Sibérie septentrionale, est la grande ressource alimentaire des rares habitants des régions voisines du pôle; c'est grâce à ce Lichen que les nombreux troupeaux de rennes ou cerfs polaires, les uns sauvages, les autres réduits en domesticité, peuvent vivre dans des contrées presque dépourvues de végétation, et empêcher les naturels de ces pays de mourir de faim. Les rennes ont l'instinct d'aller chercher sous la neige, qu'ils creusent avec leurs pieds armés d'une corne dure comme l'acier, le Lichen, dont le froid le plus rigoureux n'interrompt pas la végétation.

Les MOUSSES se rapprochent plus que les autres familles de Cryptogames de l'organisation des plantes phanérogames; les botanistes veulent même reconnaître chez plusieurs Mousses des fleurs mâles et des fleurs femelles, ce qui tendrait à éloigner ces Mousses de la Cryptogamie. Bien peu d'entre les Mousses, bien que leurs genres et espèces soient en très-grand nombre, offrent une importance économique de quelque valeur. La Mousse commune des bois, appartenant au genre *Hypnum*, étant récoltée au printemps et en automme, sert à constituer de très-bons sommiers ; une autre du genre Sphaigne (*Sphagnum*), croît dans les eaux stagnantes avec une excessive abondance ; elle est le principal élément de la tourbe, substance combustible à très-bas prix, exploitée dans les pays marécageux de toute l'Europe.

Les Equisétacées ont donné lieu à de grandes divergences d'opinion parmi les botanistes, dont les uns les rangent parmi les Acotylédonées, tandis que les autres considèrent leurs spores comme de véritables graines, et les rangent en conséquence parmi les plantes Monocotylédonées. Une seule espèce de cette famille, la Prêle d'hiver, est utilisée en industrie, sa tige, rude au toucher, sert à polir les bois d'ébénisterie.

Les Fougères forment une famille nombreuse, dépourvue de fleurs et d'organes reproducteurs apparents. Chez la plupart des espèces, spécialement chez celles d'Europe, la tige est souterraine et vivace ; elle donne tous les ans naissance à des feuilles d'un genre particulier, que les botanistes nomment Frondes, et qui constituent à elles seules toute la partie extérieure de la plante. La tige souterraine, improprement nommée racine de la Fougère mâle, est employée en médecine comme vermifuge. Les feuilles de

Fougère séchées forment d'excellents coussins pour le coucher des jeunes enfants d'une constitution délicate. Dans le grand Archipel Indien, ainsi que dans plusieurs contrées de l'Australie, on trouve des Fougères arborescentes d'une grande hauteur, dont quelques-unes renferment une fécule comestible.

Monocotylédonie. — Les plantes monocotylédonées, divisées en un très grand nombre de familles, de genres et d'espèces, occcupent une place du premier ordre parmi les végétaux les plus nécessaires à l'existence de l'homme. Les familles de plantes monocotylédonées qui contribuent le plus à l'alimentation de l'homme et à celle des animaux domestiques sont les Cypéracées, les Graminées et les Palmiers ; dans le même embranchement, les Iridées, les Liliacées et les Orchidées sont au premier rang des plantes d'ornement qui contribuent à la décoration de nos parterres.

Les Cypéracées se distinguent des Graminées par un caractère auquel il est impossible de se méprendre ; leur tige est triangulaire et dépourvue de nœuds ; c'est ce qu'on peut observer chez les plantes du genre Scirpe, qui croissent dans toute l'Europe sur le bord des eaux tranquilles, et dont les graines abondantes sont la nourriture de prédilection des oies et des canards. Les anciens avaient remarqué cette particularité; à Rome, on disait proverbialement aux gens occupés de la recherche d'une chose introuvable : Tu cherches un nœud dans un Scirpe! (*Nodum in Scirpo quæris*). Le Souchet (*Cyperus*), qui a donné son nom à la famille des Cypéracées, a joué dans l'antiquité un rôle économique qui ne lui appartient plus. C'est avec les tiges d'une espèce de Souchet (*Cyperus papyrus*) que les Égyptiens préparaient le premier papier en usage dans le monde ; le mot papier, lui-même, dérive du mot papyrus, bien que le Souchet d'Égypte ne soit plus depuis vingt siècles employé à la fabrication du papier. Un autre Souchet, de même origine, est au nombre des plantes alimentaires. Les racines de ce Souchet (*Cyperus esculentus*) sont accompagnées de petits tubercules d'une saveur légèrement sucrée, analogue à celle de la châtaigne ; mais, c'est un aliment peu estimé et très-peu usité.

Les Graminées diffèrent des Cypéracées par leurs tiges nommées chaumes, toujours cylindriques, interrompues de distance en distance par des nœuds, desquels partent des feuilles ; ce seul caractère ne permet pas de confondre les Graminées avec les Cypéracées. Il est également facile de remarquer, lorsqu'on observe les Graminées en fleurs, que les étamines et le pistil sont, à défaut de la corolle, dont ces plantes sont privées, protégées par deux écailles ou balles calicinales, en dehors desquelles ces organes se montrent, quand ils sont entièrement développés ; chez les Cypéracées, les étamines et le pistil ne sont protégés que par une seule écaille ou balle calicinale.

Le Froment et le Seigle dont la farine, sous forme de pain, est l'aliment principal de tous les peuples cultivateurs, appartiennent à la famille des Graminées; l'Orge et l'Avoine, compris, ainsi que le Maïs, dans le groupe des Céréales, sont de la même famille. Il est inutile de faire ressortir l'utilité des Céréales. On fait seulement remarquer que notre mot *pain* vient du latin *panis*, et que ce terme latin était dérivé du mot grec *pan*, qui signifie *tout*, parce qu'à la rigueur le pain de bonne qualité peut tenir lieu de toute autre nourriture.

L'Avoine en France entre rarement dans l'alimentation de l'homme; elle est à peu près exclusivement employée à la nourriture des chevaux. Il n'en est pas de même en Ecosse, où l'avoine séparée de son écorce et convertie en gruau est le principal aliment des montagnards de ce pays. L'orge a été de toute antiquité employée à la fabrication de la bière; c'est avec l'orge que les Gaulois, nos ancêtres, préparaient la *cervoise*, en celtique *ker-viss*, longtemps avant qu'ils aient eu, par leur commerce avec les Grecs, connaissance du vin ; la cervoise n'était autre chose que de la bière. Le Maïs, aliment principal des peuples à demi civilisés, du nouveau continent avant qu'ils fussent en rapport avec les Européens, est adopté comme nourriture habituelle dans plusieurs de nos départements de l'Est, ainsi que dans une grande partie de l'Italie. Le Riz, autre plante de la famille des Graminées, produit le grain qui tient lieu de pain aux populations d'une grande partie de l'Asie orientale. La Canne à sucre, dont l'importance économique est à peine diminuée depuis que le sucre de Betterave fait concurrence au sucre colonial, appartient à la même famille.

Si le genre humain doit aux Graminées le pain, il leur doit aussi la viande; car ce sont des Graminées qui forment la base du foin des prairies naturelles, et sans le foin, nous n'aurions pas d'animaux de boucherie. Il n'existe pas, dans tout le règne végétal, de famille de plantes qui rende au genre humain des services équivalents à ceux que lui rendent les Graminées.

Les Palmiers, par l'élévation de leur tige et la beauté de leurs formes, sont, sans contestation, les premiers parmi les Monocotylédonées ; Linné les plaçait à la tête de tout le règne végétal ; il les avait surnommés les princes des végétaux (*Principes vegetantium*). En Europe, les jardiniers nomment avec plus de raison les Palmiers, les végétaux des princes ; il faut disposer d'une fortune princière pour pouvoir loger des Palmiers dans les serres appropriées à leurs besoins, et leur faire donner les soins nécessaires à leur conservation. Le plus grand nombre des Palmiers appartient aux régions tropicales ; quelques-uns cependant s'accommodent du climat de l'Europe méridionale ; à Hyères (Var), petite ville fréquentée des malades à cause de la douceur de son climat ; la principale promenade est plantée de Palmiers.

On sait que la palme ou feuille du Palmier est restée dans le langage figuré l'emblème de la victoire, comme le Laurier est celui de la gloire militaire et poétique. Dans l'Afrique centrale, les dattes, fruit du Palmier-Dattier, tiennent lieu de monnaie pour les échanges. Dans le Dar-Four, le voyageur Horneman a vu, sur les marchés des villes, vendre des chevaux, des bœufs, des chameaux, des burnous et des armes de prix, moyennant un certain nombre de corbeilles de dattes d'un poids déterminé, vérifié par les magistrats du pays. C'est que la datte est presque le seul aliment portatif, très-nourrissant sous un petit volume, qui permette aux Africains, grâce à leur extrême sobriété, de traverser en caravanes les immenses déserts de l'intérieur de l'Afrique.

Les Palmiers sont, pour la plupart, *monoï-*

ques, c'est-à-dire qu'ils portent sur le même pied des fleurs mâles et des fleurs femelles. Quelques-uns seulement, entre autres le Dattier (*Phenix dactylifera*), sont *dioïques*, c'est-à-dire que les fleurs mâles et les fleurs femelles se développent sur des plantes séparées. Le pollen des Dattiers mâles est très-abondant; la fécondation des fleurs des Dattiers femelles a lieu à de grandes distances. En Algérie, en Egypte, et dans les autres pays de l'Afrique où il existe de grandes plantations de Dattiers, on a soin de placer de distance en distance parmi les Dattiers femelles, quelques Dattiers mâles, faute de quoi les Dattiers femelles ne produiraient pas de fruits.

Après le Dattier, le Cocotier (*Cocos nucifera*) est le plus utile des végétaux de la famille des Palmiers. Les manuscrits des ouvrages de philosophie des Indous ont pour en-têtes un Cocotier chargé de fruits, à l'ombre duquel un homme couché sur le gazon se livre à l'étude, ayant ses vivres et sa boisson assurés par les produits du Cocotier. La côte de Coromandel, des bouches de l'Indus au cap Comorin, sur une longueur de plus de mille kilomètres, est bordée d'une immense plantation de Cocotiers dont les fruits sont la principale ressource alimentaire des habitants de cette partie de l'Indoustan.

En Algérie, le petit Palmier nain (*Cha-*

mœrops humilis) à l'état de buisson, couvre dans les plaines des espaces immenses; la nécessité d'extirper ces Palmiers est un des principaux obstacles que les colons européens aient à surmonter dans l'Afrique Française, lorsqu'il s'agit de niveler le sol pour le rendre accessible à la charrue. Depuis quelques années, on commence à utiliser la fibre textile des feuilles du Palmier nain, dont on fabrique du papier commun et des cordages.

Les Iridacées ont pour caractère distinctif les stigmates de leur pistil qui sont minces, foliacés et *pétaloïdes*, c'est-à-dire semblables à des pétales, ce qui ajoute beaucoup à l'effet ornemental des belles espèces d'Iris admises dans nos parterres. Une seule espèce de ce beau genre, l'Iris de Florence, à fleurs d'un blanc mat, est utilisée par l'industrie de la parfumerie. Les Rhizomes ou racines souterraines de l'Iris de Florence sont douées d'une odeur de violette très-prononcée, qu'elles conservent à l'état sec. La poudre de racine d'Iris est un des objets de parfumerie les plus usités. Une Iridacée très-odorante, le Nar-

Narcisse Jonquille.

Glaïeul des champs

cisse jonquille, est utilisée par la parfumerie.

Une autre Iridacée, le Glaïeul des champs, peut être transportée dans le parterre et y produire autant d'effet ornemental que beaucoup d'autres plantes de pleine terre d'un prix élevé.

Une plante économique et médicinale tout à la fois, le Safran, cultivé en grand dans la partie du département du Loiret qui correspond à l'ancien Gâtinais, appartient à la famille des Iridacées; la culture du Safran, lorsqu'elle réussit, est une source d'aisance pour les familles de petits cultivateurs.

Les LILIACÉES, dont le Lis blanc est le type, ont pour caractère essentiel et invariable l'absence de la corolle, remplacée par un calice coloré renfermant les organes reproducteurs. Ainsi qu'on l'a fait observer précédemment, il serait tout aussi rationnel de soutenir que la corolle existe et que la partie manquante est le calice.

Dans la végétation de l'Europe, la famille des Liliacées ne fournit qu'un nombre assez limité de plantes potagères, qui sont des condiments ou assaisonnements plutôt que des aliments proprement dits; ce sont l'Ail, l'Oignon, le Poireau, la Ciboule, l'Echalotte et la Civette, très-usités dans la cuisine française, spécialement dans celle du midi de la France. En Asie, la famille des Liliacées contient une plante médicinale du premier ordre, l'*Aloës*, dont la résine amère, purgative, est principalement récoltée dans l'île de Soccotora, à l'entrée de la mer Rouge; c'est pourquoi ce médicament énergique est connu dans le commerce de la droguerie sous le nom d'Aloës Succotrin. L'usage en a été introduit en premier lieu par les médecins arabes, qui ont devancé ceux du reste du monde dans la pratique de l'art de guérir, et qui se sont laissé ensuite distancer par les médecins européens. En Amérique, l'Agavé, de la même famille, très-peu différente de l'Aloès, fournit par la fermentation de sa séve un liquide spiritueux enivrant, cher aux Mexicains sous le nom de Mescal.

Les ORCHIDÉES forment une famille nombreuse, qui renferme peu de végétaux d'une utilité directe, mais qui n'a pas de rivale pour le nombre, la variété et l'élégance des plantes d'ornement qu'elle fournit à l'horticulture. Les Orchidées d'Europe sont des plantes terrestres, peu remarquables pour la plupart. L'une des plus bizarres est l'Ophris nid d'oiseau, qui doit son surnom à l'arrangement de ses racines dis-

Ophris-Mouche.

posées en forme de nid d'oiseau renversé. La fleur d'une autre Orchidée d'Europe, appartenant aussi au genre Ophris, ressemble à un insecte, ce qui l'a fait surnommer Ophris-Mouche.

C'est dans les régions tropicales, sous l'influence de la chaleur humide la plus intense que les Orchidées abondent, et qu'elles exhalent les parfums les plus pénétrants dans les épaisses forêts de l'Inde et dans celles de l'Amérique du Sud. Le plus grand nombre des Orchidées étrangères à l'Europe vit en parasite sur l'écorce des arbres vivants ou morts ; on les désigne pour cette raison sous le nom d'Orchidées Epiphites. Ce sont celles que les amateurs européens cultivent à grands frais en serre chaude, en leur prodiguant la chaleur artificielle et l'humidité ; les plus belles appartiennent aux genres *Onéidium*, *Dendrobium*, *Mittonia et Cattleya*. Chez ces plantes, aussi bizarres que belles et parfumées, la fécondation ne s'opère qu'avec une extrême lenteur, ce qui explique comment leurs fleurs peuvent rester épanouies pendant plusieurs semaines avant de se flétrir.

Une Orchidée terrestre, le Salep, qui croît abondamment en Perse à l'état sauvage, a passé longtemps pour une plante médicinale d'une grande valeur. Sa racine séchée et réduite en poudre se vendait fort cher en raison des propriétés analeptiques qu'on lui attribuait un peu gratuitement. Ce médicament est aujourd'hui à peu près hors d'usage.

Une Orchidée épiphyte du Mexique, la Vanille (*Epidendrum*), qui s'étend sous forme de liane d'un arbre à l'autre, dans les forêts vierges, donne après sa floraison des gousses ou siliques pleines d'une pulpe parfumée, qui contient à haute dose de l'acide benzoïque, et dont les propriétés sont suffisamment appréciées des cuisiniers et des confiseurs européens.

La Vanille peut fleurir en serre chaude, et y produire des siliques aussi parfumées que celles qu'on fait venir de son pays d'origine.

Dicotylédonées. — La plus grande partie des plantes, arbres et arbustes qui décorent la surface du globe appartient à l'embranchement des Dicotylédonées ; c'est spécialement à cet embranchement que se rattachent tous les arbres dont se composent les forêts des pays au climat septentrional et tempéré. Les trois grandes divisions de cet embranchement comprennent les plantes à fleurs apétales, monopétales et polypétales. Chacun de ces trois groupes renferme un nombre considérable de familles naturelles, toutes plus ou moins riches en végétaux, dont la connaissance nous intéresse à divers degrés.

Plantes dicotylédonées apétales. — Dix familles dans ce groupe méritent d'être particulièrement étudiées; ce sont : 1° Les Conifères; 2° les Platanées; 3° les Bétulacées; 4° les Salicacées; 5° les Cupulifères; 6° les Juglandées; 7° les Ulmacées; 8° les Urticacées; 9° les Euphorbiacées; 10° les Atriplicées.

Les Conifères portent des fleurs mâles et des fleurs femelles disposées en chatons; les écailles qui protégent les fleurs femelles se soudent entre elles et forment un fruit nommé strobile ou cône, origine du nom de la famille des Conifères. A la rigueur, les Conifères ne sont pas dicotylédonées; elles sont polycotylédonées, leurs graines ayant toujours plus de deux cotylédons. La famille des Conifères se subdivise en trois tribus, toutes trois d'une grande importance dans le règne végétal : ce sont les Abietinées, ayant pour type le Sapin; les Cupressinées, ayant pour type le Cyprès, et les Taxinées, ayant pour type l'If. Considérées dans leur ensemble, les Conifères couvrent de leur végétation les parties les plus septentrionales des deux continents.

Leur feuillage épais et persistant, sauf de très-rares exceptions, est composé seulement d'une nervure centrale, ce qui a fait donner aux feuilles des Conifères le nom particulier d'*aiguilles*. Ces feuilles rendent aux pays du Nord le service important d'arrêter la fureur des vents du nord et du nord-est, auxquels les feuilles des autres arbres ne résisteraient pas.

Première tribu. — Les Abiétinées comprennent les arbres à la sève résineuse qui fournissent aux constructions navales la poix et le goudron dont elles ont un besoin indispensable. Les végétaux les plus importants de cette tribu sont le Cèdre du Liban, le Cèdre Deodora, le Sapin, l'Epicea, le Pin noir d'Autriche, le Pin maritime, le Pin sylvestre, le Pin d'Ecosse, le Pin Laricio, le Pin Pignon et le Mélèze.

Le Cèdre, qui formait dans l'antiquité de vastes forêts sur les pentes du mont Liban, en Syrie, a presque disparu de son pays d'origine. On le rencontre, en Europe, dans les jardins paysagers, à titre d'arbre d'ornement; l'excessive lenteur de sa croissance s'oppose à ce qu'il soit adopté comme essence forestière. Le Cèdre Déodora, originaire des monts Atlas, en Algérie, est plus élégant et d'une croissance moins lente que celle du Cèdre du Liban ; le bois de ces deux Cèdres est d'un tissu serré, presque indestructible. Le Sapin et l'Epicea, dont le bois très-résineux est blanc, léger et peu durable, se reconnaissent aisément à la position renversée de leurs cônes dont la pointe est toujours dirigée vers le bas, tandis que la pointe des autres Conifères est dirigée vers le haut.

Les différentes espèces de Pins forment

dans le département des Landes de vastes forêts exploitées principalement pour la récolte de la résine que ces arbres donnent par incision, lorsqu'ils ont atteint l'âge de trente ans. Le Pin maritime est particulièrement utilisé pour fixer les dunes de sable du même département et empêcher les sables mouvants d'envahir les terres propres à la culture. Le Pin Pignon est le seul d'entre les arbres conifères qui produise, sous le nom de Pignon doux, des cônes dont les amandes sont mangeables. Ces amandes sont très-recherchées dans toute l'Italie et dans nos départements les plus méridionaux. Le Mélèze, dont le bois est plus solide que celui des autres arbres conifères, est le seul de cette famille qui perde ses feuilles en hiver et qui les reprenne au printemps.

Deuxième tribu. — Les CUPRESSINÉES diffèrent essentiellement d'aspect avec les Abiétinées. Leurs feuilles ne sont pas des aiguilles ; leurs fruits n'affectent pas la forme conique bien connue de la pomme de Pin ; le fruit des Cupressinées, d'une forme toute spéciale, porte le nom de Galbule. Les deux genres de cette tribu les plus remarquables sont le Cyprès, de tout temps considéré comme un arbre funéraire, accompagnement des tombeaux ; et le Genévrier, nommé Cade dans le midi de la France. Les fruits du Genévrier, improprement nommés baies de Genièvre, sont usités sous forme d'extrait dans la pratique médicale. L'eau-de-vie obtenue des grains fermentés et distillés dans les pays du Nord, est aromatisée à l'aide des baies de genièvre. La même tribu renferme le Thuya et quelques autres arbustes d'ornement à feuillage toujours vert.

Troisième tribu. — Les TAXINÉES ne contiennent qu'un seul arbre remarquable, l'If (*Taxus baccata*) au feuillage sombre, aux baies d'un rouge de corail. Le bois de cet arbre est aussi dur et presqu'aussi durable que celui du Cèdre lui-même. Il a existé jadis en France de vastes forêts d'Ifs, entre autres, la grande forêt des Ivelines, dans l'arrondissement de Rambouillet (Seine-et-Oise). De loin en loin, quelques Ifs, bien des fois séculaires, y sont encore debout; ailleurs ils ont disparu : les Chênes, les Châtaigniers et les Hêtres ont pris leur place.

Les PLATANÉES ne sont pas assez riches en genres et espèces pour qu'il ait été nécessaire de les subdiviser. Le Platane est un arbre au bois blanc et léger, mais très-durable; il est recherché dans tout l'Orient pour l'ampleur de son feuillage qui donne une ombre épaisse durant les fortes chaleurs de l'été. En Europe, on adopte généralement pour les promenades publiques le Platane occidental, variété importée de l'Amérique du Nord, d'un tempérament mieux approprié que celui du Platane d'Orient aux pays où les hivers sont souvent longs et rigoureux.

BETULACÉES. — Les deux genres de cette famille, le Bouleau et l'Aulne, rendent au genre humain de très-grands services. Le Bouleau, qui croît avec vigueur dans les terrains les moins fertiles, résiste aux froids les plus sévères presqu'aussi bien que les arbres résineux conifères auxquels il est associé dans les vastes forêts de la Russie d'Europe. Son bois blanc, poreux, léger, très-peu durable, n'a pas une grande valeur; mais au printemps, en pratiquant des incisions le long du tronc du Bouleau, les Russes recueillent en grande quantité sa séve légèrement sucrée qui, par la fermentation, se convertit en un vin de bouleau, salubre, d'assez bon goût, fort estimé dans un pays où la vigne ne peut être cultivée. L'Aulne est essentiellement l'arbre des pays inondés et marécageux; son bois, sans être d'un grain bien serré, possède une propriété précieuse qui manque à beaucoup d'autres bois réputés d'une plus grande valeur: il se durcit au lieu de se corrompre au contact de l'humidité ; il est préférable à tout autre pour les pilotis qui doivent séjourner sous l'eau. Malheureusement l'Aulne ne prend jamais de fortes dimensions et son tronc ne peut acquérir un grand diamètre.

Les SALICACÉES ont des fleurs en chaton, qui se montrent avant les feuilles. Les arbres de cette famille sont, de tous les arbres connus, ceux qui se multiplient le plus vite et le plus facilement de bouture. Deux genres de cette famille, le Saule et le Peuplier, ont une grande importance économique. C'est avec le bois du Saule, à la fois léger, solide et à bas prix, qu'on fabrique les chaises communes, d'un modèle invariable, qui figurent en grand nombre dans les promenades publiques et dans les églises. Une espèce du genre Saule, l'Osier, est la matière première de l'industrie de la vannerie, dont les produits sont d'un usage universel. On ne multiplie l'Osier que de boutures qui s'enracinent toujours, même quand par inadvertance elles ont été mises en terre la tête en bas. Un autre Saule originaire de l'Asie centrale, le Saule de Babylone ou Saule pleureur, est, par l'élégance de son feuillage et la grâce de ses rameaux retombants, l'un des plus beaux ornements des bords des pièces d'eau dans les jardins paysagers. Le Peuplier du Canada et le Peuplier de Virginie, l'un et l'autre également faciles à multiplier de boutures, sont précieux par la rapidité de leur croissance ; le Peuplier d'Italie, semblable à une immense palme verte, forme sur les bords des eaux courantes des lignes de l'effet le plus pittoresque.

Les CUPULIFÈRES doivent leur nom à la petite coupe (*Cupule*) dans laquelle leur fruit est contenu ; ce caractère est très-prononcé dans le gland, fruit des diverses espèces de Chênes. Quatre des arbres les plus précieux des pays au climat tempéré, le Chêne, le Châtaignier, le Hêtre et le Charme, appartiennent à la famille des Cupulifères. Les fleurs de ces arbres sont disposées en chaton, comme celles des Salicacées. Le Chêne, arbre sacré de la religion druidique, pratiquée par les Gaulois nos ancêtres avant la conquête de la Gaule par les Romains, nous fournit le meilleur bois d'œuvre et de chauffage et le meilleur charbon de bois. Le Chêne-Liége, répandu dans tout le midi de l'Europe et le nord de l'Afrique, donne à l'industrie son écorce extérieure, connue sous le nom de Liége, dont personne n'ignore les usages. Plusieurs espèces de Chênes répandus dans l'Espagne, la Grèce et l'Asie Mineure, donnent des glands doux comestibles, très-nourrissants. On désigne dans le Midi de la France, sous le nom de Chênes truffiers, une espèce de Chêne vert à feuilles persistantes ; les truffes ne se rencontrent jamais en terre que dans le voisinage des racines de ce Chêne. Le Châtaignier, comme le Chêne, vit plusieurs siècles et donne en abondance des fruits qui sont dans la Haute-Vienne la base de la nourriture des classes laborieuses. Les vieux Châtaigniers qui croissent et rospèrent dans les terrains siliceux les plus stériles, acquièrent souvent des dimensions colossales. Autrefois, le bois de Châtaignier était en France l'un des plus utilisés comme bois de charpente. A Paris, la charpente de l'Eglise cathédrale de Notre-Dame est en bois de Châtaignier. La meilleure espèce de châtaignes, connue sous le nom de marrons, est récoltée principalement dans le Var et dans le Gard; on les connait sous le nom de *marrons de Lyon*, bien qu'ils ne soient pas récoltés dans les environs de cette ville; mais c'est à Lyon que s'en fait le principal commerce.

Le Hêtre forme en France de vastes forêts dont la plus importante est celle de Compiègne. Cet arbre résiste bien au froid; il est préféré à tout autre comme arbre d'alignement en Danemark et jusqu'en Suède. La faine, fruit du Hêtre, contient une huile abondante propre à l'éclairage et à diverses industries. Le Charme, très-proche parent du Hêtre, donne un bois très-solide, recherché pour l'industrie du charronnage. Autrefois, les grands jardins français de l'ancien style étaient entrecoupés de hautes haies de Charmes nommées *charmilles*, dont la mode n'a pas été conservée dans les jardins modernes.

Le Noisetier ou Coudrier, qui est plutôt un grand arbuste qu'un arbre dans le vrai sens du mot, appartient aussi à la famille des Cupulifères.

Les **Juglandées** portent des fleurs mâles disposées en chatons, qui précèdent ordinairement les feuilles, et des fleurs femelles moins nombreuses, disposées par paquets ou par grappes courtes. Cette famille n'est représentée en Europe que par le Noyer, originaire de la Perse; les forêts de l'Amérique du Nord contiennent plusieurs genres de la même famille. L'introduction du Noyer en Europe est fort ancienne; les Grecs et les Romains cultivaient cet arbre dès la plus haute antiquité. En France, le Noyer a été beaucoup plus cultivé qu'il ne l'est aujourd'hui; les deux formidables hivers de 1709 et de 1789 ayant fait périr le plus grand nombre des vieux Noyers, les plantations n'ont pas été renouvelées sur le même pied que précédemment. Le bois de Noyer est un des plus beaux bois d'ébénisterie que fournisse l'Europe; le bois des Noyers d'Amérique est aussi très-recherché, surtout pour fabriquer les crosses de fusil de chasse.

Les **Ulmacées** sont une des familles les moins nombreuses de toute la Dicotylédonie Apétale. Les fleurs des arbres de cette famille ne sont disposées ni en chatons ni en grappes; elles se montrent de si bonne heure au printemps, que les fruits membraneux qui leur succèdent et qui portent le nom spécial de Samare, sont mûrs et tombent avant le développement des feuilles.

L'Orme, type de la famille des Ulmacées, a été longtemps préféré à tous les autres arbres d'alignement pour les promenades publiques. Il est vrai qu'il croît lentement et que son feuillage manque d'ampleur ; mais il perd ses feuilles plus tard que tous les autres arbres de notre climat, et sa croissance est très-égale, c'est-à-dire que tous les Ormes du même âge sont à peu de chose près de la même taille. Le bois d'Orme a toujours, comme bois d'œuvre, trop de valeur pour être employé en qualité de bois de chauffage; c'est d'ailleurs celui de tous les bois qui brûle le mieux, et qui par la combustion d'un volume donné dégage la plus forte somme de chaleur.

Les Urticacées, qu'on nomme aussi Urticées, constituent une famille très-nombreuse, riche en végétaux herbacés, arbrisseaux et grands arbres de la plus grande importance économique. C'est celle des familles de la méthode de Jussieu dont les végétaux offrent entre eux le moins d'analogie; c'est par conséquent celle qui semble le moins naturelle. En réalité, malgré la ressemblance de leurs organes reproducteurs monoïques, dioïques et polygames, il est difficile de regarder comme proches parents l'Ortie et le Mûrier, le Poivrier des Indes et le Chanvre d'Europe, réunis néanmoins dans la même famille naturelle.

Parmi les plantes herbacées de cette famille, l'Ortie, qui lui donne son nom, est seulement au rang des mauvaises herbes dans les champs cultivés ; elle passe à juste titre pour nuisible à cause des souffrances très-vives causées par la piqûre de ses poils raides, tubuleux, remplis d'un liquide très-âcre. L'Ortie est cependant utile comme l'un des aliments nécessaires aux jeunes dindons. On peut aussi retirer de ses tiges, par le rouissage, des fibres textiles qui ne le cèdent en rien à celles du Chanvre. La Pariétaire, commune dans toute l'Europe sur les terrains pierreux, incultes, et dans les crevasses des vieux murs, est fréquemment employée en médecine, principalement pour l'usage externe. Le Chanvre tient à côté du Lin une place de premier ordre parmi les plantes textiles ; il est la base des cordages les plus solides pour la marine, et des toiles les plus résistantes pour les voiles des navires. Ses feuilles à l'état frais agissent avec une énergie redoutable sur le système nerveux ; elles font partie du hatchis, composition dont les Orientaux se servent pour se procurer, non sans compromettre gravement leur santé, des rêves fantastiques. La graine de Chanvre est l'aliment de prédilection de beaucoup d'oiseaux élevés en cage, notamment des perroquets ; on en extrait une huile non comestible, mais recherchée pour diverses industries.

Le Houblon, dont la culture est une source de richesse pour tous les cantons où elle est possible, est utilisé à divers titres. On mange, accommodées comme des asperges, les jeunes pousses coupées au moment où elles sortent de terre ; les cônes renfermant ses graines sont le houblon de commerce, élément indispensable de la fabrication de la plupart des bières les plus estimées, et de plus médicament employé fréquemment avec succès en décoction pour combattre les affections scrofuleuses. On peut aussi fabriquer des cordes grossières avec les longues tiges volubiles du Houblon.

Après le Houblon, la plante herbacée la plus précieuse de la même famille, est le Poivrier, des Indes Orientales, dont les baies desséchées, fortement aromatiques, sont un des assaisonnements les plus usités dans la cuisine de tous les peuples qui ont une cuisine. Avant la découverte du passage aux Indes par le cap de Bonne-Espérance, le poivre était si rare en Europe qu'il s'y vendait au poids de l'or; de là le proverbe : Cher comme poivre. Le proverbe est encore en usage, bien qu'il ne soit plus justifié par le prix exagéré du poivre.

Du Poivrier au Mûrier la transition paraît un peu brusque; le Poivrier est une plante volubile comme notre liseron, tandis que le Mûrier est un arbre au bois solide, de moyenne grandeur. Depuis l'introduction en Europe de l'éducation en grand du ver-à-soie, chenille du Mûrier, la culture a donné naissance à plusieurs variétés de cet arbre, surnommé par les Italiens l'arbre à la feuille d'or (*l'albero al foglio d'oro*), à cause du riche produit de sa feuille convertie en soie.

C'est encore à la famille des Urticacées qu'appartient le Figuier dont la feuille et les rameaux verts renferment un suc âcre dangereux, mais dont le fruit, séché au soleil, est un des meilleurs et des plus nourrissants de l'Europe méridionale et de l'Asie Mineure. Les grosses figues de Smyrne et les petites figues de Marseille passent pour l'emporter sur toutes les autres.

Nommons encore comme l'un des végétaux les plus utiles de la famille des Urticacées, l'Arbre à pain dont le fruit est l'aliment principal des naturels des îles de la Polynésie.

Les Euphorbiacées sont une famille bien moins nombreuse et moins importante que celle des Urticacées, mais beaucoup plus naturelle dans ce sens qu'elle ne contient que des végétaux ayant entre eux de frappantes analogies.

Toutes les Euphorbiacées ont pour caractère commun un suc laiteux très-âcre, contenu dans la tige et les feuilles, suc qui est un véritable poison. Ce suc est très-abondant chez l'Euphorbe-Epurge, qu'on rencontre partout en Europe à l'état sauvage, et dont quelques personnes peu éclairées, à la campagne, se servent quelquefois pour se purger; elles ont toujours lieu de se repentir de leur imprudence. Le plus dengereux des végétaux de la famille des Euphorbiacées est le Mancenilier, des îles Antilles; les fruits de cet arbuste, assez semblables à des pommes d'api, donnent inévitablement la mort à ceux qui se laissent tenter par leur aspect appétissant.

Les Atriplicées composent une famille encore plus naturelle que celle des Euphorbacées; la floraison et la fructification de toutes les plantes de cette famille se ressemblent assez pour que leur parenté ne puisse être révoquée en doute. Les genres les plus importants de la famille des Atriplicées, sont, en première ligne, la Betterave, qui fournit à toute l'Europe du sucre égal en qualité au sucre de canne des colonies, et l'Epinard, utile, comme plante potagère, quoiqu'il ne contienne pas de principes réellement nourrissants.

Dicotylédonées monopétales. Les plantes de ce groupe sont suffisamment caractérisées par une corolle d'une seule pièce, qui ne manque chez aucun genre des familles dont il se compose. Les familles de plantes Dicotylédonées monopétales les plus importantes à connaître, sont les Ericacées, les Labiées, les Solanées et les Composées.

Les ERICACÉES, remarquables par l'élégance de leur feuillage très-divisé, et de leurs fleurs monopétales, aux couleurs vives et variées, les unes en tube allongé, les autres en grelot, ne sont considérées que comme plantes et arbustes d'ornement. Plusieurs contrées du nord de l'Europe sont couvertes de deux plantes de la famille des Ericacées, la Bruyère commune et la Bruyère cendrée. Ces plantes possèdent la propriété de végéter dans des terrains siliceux, si peu fertiles, qu'ils n'admettent pas d'autre végétation. A la longue, les débris accumulés des feuilles et des tiges mortes de la Bruyère finissent par former une couche superficielle d'un gris noirâtre, très-usitée en horticulture, et connue sous le nom de *terre de bruyère*. Deux genres de la famille des Ericacées, le genre *Rhododendrum*, et le genre Azalée, sont très-riches en arbustes d'ornement, répartis sur les pentes de toutes les montagnes du globe, et cultivés dans les jardins en terre de bruyère; quelques espèces de ces deux genres appartiennent à la serre tempérée.

Les LABIÉES sont une famille des plus naturelles, dont toutes les plantes ont pour caractère commun une tige carrée, des feuilles opposées, presque toujours douées d'une odeur très-aromatique, et des fleurs à corolle monopétale dont les bords sont divisés en deux lèvres, origine du nom de cette famille. Un grand nombre de genres et d'espèces de la famille des Labiées sont très-usités en médecine comme anti-spasmodiques, spécialement la Mélisse, la Menthe, le Serpolet et le Marrube. La Sauge a joui longtemps d'une telle réputation médicale que le proverbe disait qu'un homme qui a de la Sauge dans son jardin ne devrait jamais mourir. Aujourd'hui, la renommée de la Sauge est redescendue au niveau de celle des autres plantes labiées aromatiques. Il n'y a plus que les Chinois qui s'obstinent à lui attribuer des propriétés merveilleuses; aussi payent-ils au poids de l'or les feuilles sèches de la Sauge quand ils peuvent s'en procurer, car cette plante ne croît pas dans leur pays.

Les Solanées forment une famille très-importante dans la végétation du globe; les plantes de cette famille se distinguent par un calice d'une seule pièce, à cinq divisions, cinq étamines et une corolle régulière, monopétale, souvent infundibuliforme. La famille des Solanées ne contient que des plantes herbacées et des arbustes; quelques-uns de ces derniers sont de fortes dimensions. Les genres et espèces de Solanées abondent en plantes vénéneuses des plus formidables, parmi lesquelles il suffit de nommer la Belladone (*Atropa Belladona*), dont les baies, assez semblables à des guignes mûres, n'ayant pas d'ailleurs d'odeur vireuse ni de saveur repoussante, donnent lieu trop souvent à des empoisonnements irrémédiables. Néanmoins, l'extrait de Belladone, employé avec les plus grands ménagements, est opposé avec succès à diverses maladies par les médecins expérimentés. La Jusquiame et le Stramoine sont aussi des plantes très-vénéneuses de la famille des Solanée .

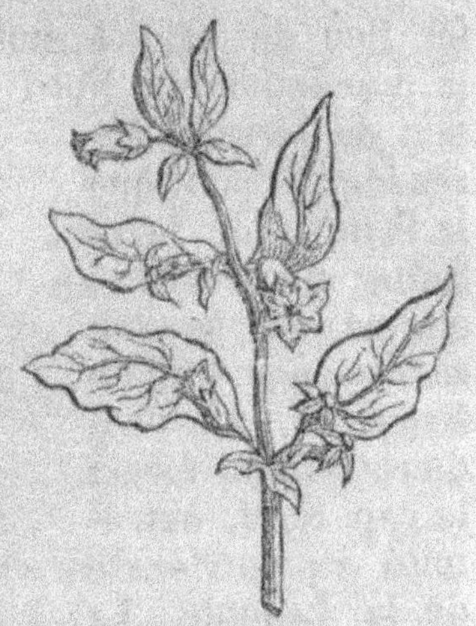

Belladone.

Par compensation, les Solanées fournissent à l'homme une plante alimentaire de premier ordre, la Pomme de terre, que Parmentier, son zélé propagateur, avait surnommée avec raison, *un pain tout fait.* Le tubercule de cette précieuse Solanée tient en ef-

Jusquiame

fet lieu de pain à une grande partie de la population du Nord de l'Europe. Il y a peu de terrains assez ingrats pour que la Pomme de terre refuse d'y croître; elle est cultivée avec succès dans l'île de Maggeroë, au pied du rocher qui forme le cap Nord, extrémité septentrionale de la Laponie. La maladie de la Pomme de terre a été pour l'Europe du Nord un véritable fléau; la plante a été principalement régénérée par les semis qui ont donné naissance à une multitude de sous-variétés, plus capables que les anciennes de résister aux atteintes de la maladie. Une autre plante alimentaire, la Tomate, dont il se fait dans le Midi de l'Europe une énorme consommation, et l'Aubergine, dont le fruit assaisonné à l'huile tient aussi sa place dans la cuisine méridionale, sont des Solanées. C'est encore à la même famille qu'appartient le Tabac qui fait dépenser en fumée tous les ans tant de millions aux peuples les plus civilisés; un bon nombre de plantes médicinales d'une efficacité reconnue contre plusieurs maladies, entre autres la Morelle noire (*Solanum Nigricans*),

Stramoine.

et la Douce-Amère (*Salanum Dulcamara*), sont des Solanées. Enfin, l'horticulture doit à la famille des Solanées tout un assortiment de belles plantes d'ornement, telles que les *Datura* et les *Pétunia*.

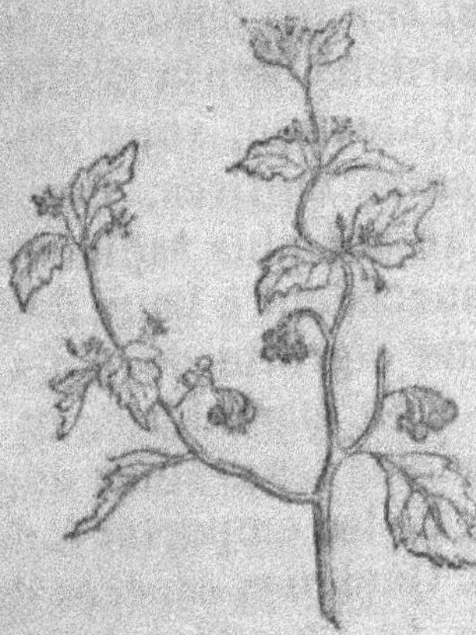

Morelle noire.

La famille des Composées, aussi naturelle que les précédentes, est tellement riche en genres et espèces qu'il a fallu la diviser en trois tribus : 1° les Carduacées ; 2° les Chicoracées ; 3° les Corymbifères. Les plantes de ces trois tribus ont toutes un caractère commun des plus saillants et des plus nettement tranchés ; leurs fleurs, au lieu d'être isolées les unes des autres, sont réunies en plus ou moins grand nombre dans un réceptacle commun, de sorte que, ce qui semble n'être qu'une seule fleur, le Soleil des jardins, par exemple, est en réalité l'assemblage d'une multitude de fleurs. C'est ce qui justifie le nom donné à cette famille.

La tribu des Carduacées, dont le Chardon des champs est le type, contient des plantes presque toutes hérissées de piquants, soit sur leur tige, soit sur les bords de leurs feuilles. Plusieurs Chardons, par la déplorable facilité de leur multiplication, sont de vrais fléaux pour les champs cultivés. Ces Chardons se propagent d'autant plus rapidement que les graines qui succèdent à leurs fleurs sont surmontées d'une aigrette de poils soyeux qui fait l'office d'un parachute, et permet aux vents de disperser ces graines dans toutes les directions, et de les emporter à de très-grandes distances. Quelques espèces de Chardons, entre autres le Chardon béni (*Centaurea benedicta*), sont encore, quoique plus rarement qu'autrefois, usités en médecine.

Deux plantes potagères cultivées dans toute l'Europe, l'Artichaut et le Chardon appartiennent à la tribu des Carduacées. L'Artichaut nous vient d'Espagne; il y a encore sur le cours inférieur de la Guadiana de vastes cantons incultes où l'Artichaut (*Cynara*) croît à l'état sauvage, sans que personne songe à en tirer parti.

La tribu des Chicoracées, qui a pour type la Chicorée sauvage, ne contient que des plantes à feuilles molles, dépourvues de piquants, ainsi que les tiges qui les portent. Cette tribu donne à la culture potagère la Laitue et ses nombreuses variétés obtenues par la culture, la Chicorée frisée et la Scarole, usitées comme salades au même titre que la Laitue, le Pissenlit, que ne dédaignent pas ceux qui sont doués d'un bon estomac, et le Salsifis, dont la racine est un aliment végétal justement recherché. La variété du Salsifis, connue sous le nom de *Scorsonère*, à cause de son écorce noire, est la plus estimée et la plus usitée dans la cuisine européenne.

Les plantes composées de la tribu des Chicoracées sont généralement inoffensives; elles contiennent un suc laiteux, particulièrement abondant chez la Laitue qui lui doit son nom. Ce suc, épaissi par la cuisson et converti en extrait, est un médicament calmant sans être narcotique, très-usité en médecine sous le nom de tridace. On ne peut signaler dans ce groupe qu'une plante, la Laitue vireuse, qui soit douée de propriétés malfaisantes et qui mérite une place parmi les plantes vénéneuses.

La tribu des Corymbifères se reconnaît à la disposition de ses fleurs composées en corymbes, ce qui signifie que les rameaux qui portent les fleurs, bien qu'ils partent de divers points de la tige, arrivent tous au même niveau pendant la floraison. L'Achillée ou Mille-feuille, la Camomille et le Tussilage sont trois plantes médicinales de la tribu des Corymbifères. L'Achillée, connue dans les campagnes sous son nom vulgaire d'Herbe au Charpentier, possède la propriété d'arrêter l'écoulement du sang des blessures d'armes blanches ; on applique à cet effet sur la coupure un cataplasme froid de Millefeuille pilé et réduit en pulpe. Ce moyen simple de prévenir les hémorrhagies par suite des coupures, est fréquemment employé à la campagne par les charpentiers, que la nature de leur travail expose plus que d'autres à se couper accidentellement.

On connaît les propriétés de la Camomille, dont l'infusion, en cas d'indigestion, est d'un usage fréquent dans la médecine domestique.

Le Tussilage, aussi nommé Pas d'âne, à cause de la ressemblance éloignée de la forme de sa feuille avec l'empreinte du pied d'un baudet, est au nombre des fleurs pectorales les plus utiles pour calmer la toux.

Tussilage.

On doit encore à la famille des Composées, entre le Topinambour (*Helianthus Tuberosus*), précieux comme racine fourragère, un bon nombre de très-belles plantes d'ornement amenées à un haut degré de perfection par la culture, entre autres le Chrysanthème de l'Inde et le Dahlia du Mexique, surnommé à très-juste titre par les horticulteurs anglais, *le Roi de l'automne* (*The King of the autumn*).

Dicotylédonées polypétales. — Les plantes de ce groupe du grand embranchement des Dicotylédonées, l'emportent en nombre ainsi qu'en importance économique ou ornementale, sur celles des deux autres groupes du même embranchement. Les familles les plus remarquables de ce groupe sont : les Caryophyllées, les Crucifères, les Renonculacées, les Géraniacées, les Ampelidées, les Malvacées, les Rosacées, les Légumineuses et les Ombellifères.

La famille des Caryophyllées a pour type l'Œillet (*Caryophyllus*). Les caractères communs aux genres et espèces de cette famille sont une tige articulée, c'est-à-dire, interrompue de distance en distance par des nœuds et des fleurs à corolle polypétale, dont chaque pétale se termine à sa base par un prolongement nommé Onglet. La médecine doit à cette famille, la Saponaire, dont la décoction est utilement employée pour combattre les affections scorbutiques et scrofuleuses. La même décoction, mousseuse comme l'eau de savon, peut jusqu'à un point en tenir lieu pour le

Saponaire.

blanchissage, de sorte que la Saponaire est une plante à la fois médicinale et économique.

L'horticulture doit à la famille des Caryophyllées l'Œillet des jardins, l'Œillet de la Chine, l'Œillet de poëte, connu sous son nom vulgaire de Bouquet tout fait, et un grand nombre d'autres belles plantes d'ornement annuelles et vivaces.

La famille des CRUCIFÈRES est riche en genres et espèces de plantes utiles à divers titres, ayant toutes pour caractère commun et invariable une corolle composée de quatre pétales disposées en croix. Les plantes crucifères abondent dans les pays au climat tempéré; plusieurs d'entre elles supportent facilement la rigueur du climat boréal; elles ne peuvent au contraire supporter un climat à la fois chaud et sec; on ne les retrouve pas dans les contrées tropicales. Presque toutes les plantes crucifères contiennent du soufre en plus ou moins grande quantité, ce qui leur donne des propriétés antiscorbutiques très-prononcées; tels sont, entre autres, le Cresson de fontaine, surnommé la *santé du corps*, et le Cochléaria, l'un et l'autre communs sur les bords des eaux vives de toute l'Europe.

Les graines de la plupart des plantes crucifères contiennent dans leurs cotylédons une huile abondante; le plus grand nombre des plantes, économiques cultivées en France pour leurs graines oléifères, sont des plantes crucifères dont les plus répandues sont le Colza, la Navette, la Moutarde et la Cameline. Le jardin potager doit à la famille des Crucifères le Radis, le Navet et toutes les espèces de Choux. Le Chou a été à Rome l'unique plante médicinale en usage durant les quatre siècles pendant lesquels cette ville, qui n'était pas encore la capitale du monde, n'avait pas de médecins ; ses habitants ne s'en portaient pas plus mal.

Parmi les plantes d'ornement que l'horticulture emprunte à la famille des Crucifères, la Giroflée, la Mathiole et la Julienne se recommandent également par leur coloris et leur parfum. Ce sont de ces vieilles plantes dont la mode ne passera point, et qui auront toujours une place honorable à côté des nouveautés journellement conquises par l'horticulture, ou empruntées à la Flore des pays lointains.

La famille des RENONCULACÉES, remarquable par l'élégance et le coloris de ses fleurs, ne fournit à l'homme aucune plante alimentaire ou économique ; mais elle est riche en plantes d'ornement du premier mérite ; tout le monde rend justice, sous ce rapport, aux collections de Renoncules et d'Anémones, auxquelles il ne manquerait rien, si elles joignaient le parfum à l'éclat de leur coloris.

Parmi les Renonculacées qui croissent à l'état sauvage, la Renoncule petite Chélidoine et l'Anémone Sylvie sont toujours, sous le climat de la France centrale, les premières fleurs qui s'épanouissent avant toutes les autres, pour annoncer le réveil de la végétation à l'issue de l'hiver. La même famille contient plusieurs plantes vénéneuses, entre autres la Renoncule Scélérate, qui ne justifie que trop son surnom, et l'Aconit, l'un des plus violents poisons de tout le règne végétal. L'Hellébore, renommé chez les anciens comme antidote de la folie contre laquelle cette plante ne possède malheureusement aucune efficacité, est aujourd'hui relégué dans le domaine de la médecine vétérinaire. Les fleurs, amples mais sans éclat de l'Hellébore surnommée Rose d'hiver, sont admises dans nos parterres à cause de la propriété que possède cette Renonculacée de fleurir en plein hiver, quand toutes les autres plantes d'ornement de pleine terre ont éte emportées par les gelées.

La famille des GÉRANACIÉES doit son nom à la forme particulière de la capsule qui renferme les graines des Géraniums, genre qui est le type de cette famille. Cette capsule a la forme du bec d'une grue, ce qui explique l'étymologie grecque du mot géranium. Les botanistes ont donné le nom de Pélargonium à l'un des principaux genres de la famille des

Géraniacées; les Pelargoniums, portés à une rare perfection par l'horticulture, sont au nombre de nos plus belles plantes d'ornement. Le genre humain doit à cette famille la première de toutes les plantes textiles, le lin, dont la fibre a été convertie en toile dès la plus haute antiquité, puisque la *Bible* mentionne les tuniques de fin lin dont les lévites devaient être vêtus. En France, la vulgarisation de la culture du Lin, et l'usage de la toile mis à la portée de toutes les classes de la société, ont puissamment contribué à faire disparaître les maladies de la peau. Vers le milieu du moyen âge, un duc de Bretagne épousa une comtesse de Flandres. La bonne dame, en arrivant en Bretagne, fut frappée de la malpropreté de ses nouveaux sujets, qui ne portaient alors que des vêtements de laine sur la peau. Elle fit venir de son comté de Flandres des cultivateurs et des tisserands, qui apprirent aux Bretons à cultiver le Lin et à en faire de la toile. Depuis ce temps, la Bretagne est restée le pays de France où l'on fabrique les meilleures toiles de Lin.

C'est aussi à la famille des Géraniacées qu'appartient le genre Oxalis, dont quelques espèces ont une certaine valeur économique, tandis que les autres sont de simples plantes d'ornement. La Surelle (*Oxalis acetosella*) donne le sel connu sous le nom de *sel d'o-*

seille, nom très-impropre, car la Surelle n'a pas de liens de parenté avec l'Oseille. L'Oxalide crenelée, autre plante du même genre, donne en assez grande abondance des tubercules qu'à la rigueur on peut manger, mais qui n'ont pas réussi à prendre place dans la grande culture, à côté de la Pomme de terre, à laquelle ils sont inférieurs sous tous les rapports.

La famille des AMPÉLIDÉES, dont la Vigne est le type, a pour caractère essentiel des tiges flexibles, sarmenteuses, pourvues de vrilles qui leur servent à s'accrocher à tous les corps environnants, capables de les soutenir. Cette famille ne contient qu'un seul genre utilisé par l'homme, la Vigne, dont l'importance économique égale ou dépasse celle des plantes alimentaires les plus estimées. On admet que les Phéniciens ont les premiers importé la Vigne dans le Midi de la Gaule, longtemps avant l'ère chrétienne. Il est certain que la Vigne existe de tout temps à l'état sauvage dans l'Amérique du Nord, dont les habitants, avant leurs rapports avec les Européens, n'avaient jamais songé à la cultiver. La Vigne a produit par la culture, sous des latitudes diverses, une foule de variétés. Cet arbuste, d'une valeur inestimable, ne donne pas seulement à boire au genre humain; il lui donne aussi à manger. Le raisin sec est alimentaire au même titre que les pruneaux, les dattes et les figues.

La famille des MALVACÉES a pour caractère principal la disposition des étamines toujours nombreuses, insérées sur le pistil généralement saillant en dehors de la corolle polypétale, régulière. Cette famille réunit, assez peu naturellement, d'humbles plantes herbacées, des arbrisseaux et des arbres de toutes dimensions. Le Baobab, le géant du règne végétal, qui est pour les arbres ce que l'éléphant est pour les mammifères, est une Malvacée.

On connaît les usages, dans la médecine domestique, des plantes émollientes de la famille des Malvacées, dont les plus usitées sont la Mauve, type de cette famille, et la Guimauve dont la racine fournit un mucilage très-abondant.

C'est à la famille des Malvacées que l'homme est redevable de l'une des plantes économiques les plus importantes du globe, le Cotonnier (*Gossypium*). La partie utile de la plante consiste dans la fibre soyeuse qui accompagne la graine; cette fibre est le coton proprement dit. L'antique Egypte connaissait la fabrication et l'usage des tissus de coton, notions qu'elle devait probablement à ses relations avec les peuples de l'Inde, qui de tout temps ont porté des vêtements de coton. De nos jours, l'industrie européenne ne peut se passer du coton, soit pour la fabrication des tissus, soit pour celle du papier. La chimie moderne a trouvé moyen de rendre le coton explosible sous le nom de *coton-poudre*. Si le coton-poudre ne peut remplacer la poudre de guerre pour les armes à feu, il peut rendre et il rend dès à présent de très-grands services comme moyen économique et puissant de faire sauter les rochers pour le percement des routes et les autres travaux publics de même nature.

Le Cacaotier, dont le fruit (*cacao*) est, sous la forme de chocolat, d'un usage alimentaire universel, est un arbre de moyenne grandeur de la famille des Malvacées. Indépendamment du cacao livré au commerce par les cultures coloniales, il s'en produit le long des bords fertiles, mais déserts, des grands fleuves de l'Amérique du Sud, des quantités énormes qu'on ne récolte pas, et qui ne profitent à personne. Le meilleur cacao, connu dans le commerce sous le nom de *cacao caraque*, est récolté dans la province de Caracas.

La famille des ROSACÉES est une des plus importantes et en même temps des plus naturelles de tout le règne végétal ; elle a pour caractère essentiel et invariable une fleur analogue à l'Eglantine ou rose sauvage, type de la famille ; cette fleur consiste en une corolle régulière de cinq pétales alternant avec les cinq divisions du calice. C'est à la famille des Rosacées que le genre humain est redevable de tous les arbres à fruits, soit à pepins, soit à noyau, de nos jardins et de nos vergers. Les uns, comme le Poirier, le Pommier, le Cognassier et le Néflier, sont indigènes en Europe ; les autres, notamment le Cerisier, le Prunier et l'Abricotier viennent de l'Asie Mineure ; le Pêcher et l'Amandier viennent de la Perse. Mais tous ces fruits à noyau ont été tellement perfectionnés par la culture en Europe, qu'ils diffèrent essentiellement de ce qu'ils sont restés dans leur pays d'origine. Quant aux Rosacées d'ornement, elles tiennent toujours le premier rang dans nos parterres ; l'introduction successive des plus belles espèces de plantes exotiques n'a pas dépouillé la rose de son titre de *Reine des fleurs*. La rose du Japon, le Camellia, apporté en Europe vers 1739 par un missionnaire allemand, le père Kamel, qui lui a donné son nom, est aussi une Rosacée. Les travaux des horticulteurs européens sur le Camellia ont donné naissance à des centaines de variétés de cet arbuste, employé dans son pays natal à former des bosquets sacrés autour des pagodes.

La famille des LÉGUMINEUSES, qui correspond à celle des Papillionacées de Tournefort, a pour caractère la forme des fleurs, qu'avec un peu de bonne volonté on trouve analogue à un papillon les ailes étendues, et la forme du fruit consistant en une gousse ou silique à deux valves, dans laquelle les graines sont renfermées. En botanique, le vrai nom de ce fruit est légume ; tous les végétaux, plantes herbacées, arbres ou arbustes, dont le fruit est un légume, font partie de la famille des Légumineuses. On voit combien, dans la langue des botanistes, le sens du mot légume diffère de son acception vulgaire qui désigne toutes plantes potagères indistinctement. Les végétaux de la famille des Légumineuses appartiennent à peu près à toutes les contrées du globe; cette famille est largement représentée sous les climats tempérés comme dans les régions tropicales.

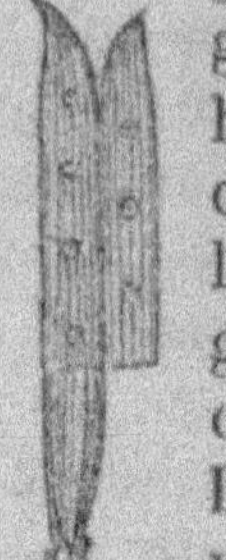
Silique de pois.

Un grand nombre de nos plantes potagères les plus estimées, le Pois, le Haricot, la Fève, la Lentille sont des Légumineuses importées en Europe depuis les temps les plus reculés. Le Pois et le Haricot nous viennent de l'Inde, la Fève et la Lentille de l'Egypte et de la Syrie. Malgré le nombre de siècles qui s'est écoulé depuis leur introduction, ces plantes n'ont pas modifié leur tempérament; elles ne sont pas moins sensibles au froid qu'à l'époque de leur première introduction en Europe; on ne peut les cultiver qu'entre la saison où il ne gèle plus et celle où il ne gèle pas encore.

Les végétaux utiles sous divers rapports sont très-nombreux dans la famille des Légumineuses : l'Indigotier, qui fournit à la teinture la plus riche matière colorante bleue ; l'*Hematoxylum* ou bois de Campêche, le *Césalpina* ou bois du Brésil, qui donnent les plus belles nuances de violet, sont des Légumineuses. L'ébénisterie doit à la même famille l'un de ses bois les plus précieux, le Palissandre (*Dalbergia*). Le genre Mimosa, répandu dans toute l'Afrique, fournit à la médecine et à l'industrie la gomme dite arabique, bien qu'elle ne vienne point d'Arabie.

Le Séné, autrefois très-utilisé comme purgatif dans la médecine européenne, qui en a délaissé l'usage, est la feuille d'une légumineuse encore très-fréquemment utilisée dans la pratique médicale des peuples orientaux.

C'est chez un arbrisseau très-élégant de la famille des Légumineuses, le *Mimosa pudica*, bien connu sous son nom vulgaire de Sensitive, que se manifeste le singulier phénomène de l'irritabilité précédemment signalé comme l'un des faits les plus curieux de la Physiologie végétale.

Les botanistes sont d'accord pour considérer comme la plus belle de toutes les fleurs tropicales, celle d'un arbre de moyenne grandeur de la presqu'île de l'Indo-Chine, l'*Amherstia Nobilis.* Il y a quelques années, un pied d'*Amherstia Nobilis* a fleuri dans une serre en Angleterre ; la reine Victoria ayant témoigné le désir d'en avoir un bouquet, ce bouquet lui fut présenté au bout d'une longue perche ; la fleur de l'*Amherstia Nobilis* est composée d'une grappe retombante qui n'a pas moins d'un mètre et demi de long. Le Cytise, le Robinier ou faux Acacia, et ses nombreuses variétés, le Sophora, et plusieurs de nos plus beaux arbres et arbustes d'ornement, font partie de la famille des Légumineuses.

La famille des OMBELLIFÈRES est aussi naturelle et presqu'aussi nombreuse que celle des Légumineuses ; elle a pour caractère invariable la disposition des fleurs en ombelles, ce qui signifie que les rameaux qui portent les fleurs partent tous d'un même point, particularité qui distingue suffisamment les Ombellifères des Corymbifères. On trouve des plantes de cette famille sous presque toutes les latitudes ; nos potagers doivent aux Ombellifères la Carotte et le Panais, dont les racines alimentaires sont à la fois sucrées et aromatiques. Quelques Ombellifères, spécialement celles du genre Heracleum ou Berce, prennent des dimensions colossales ; la Berce de Sibérie, la plus grande de toutes, est employée pour cette raison comme plante d'ornement propre à rompre l'uniformité des grandes pièces de gazon dans les jardins paysagers.

La pratique médicale du dernier siècle faisait encore un fréquent usage de divers médicaments provenant de plusieurs plantes Ombellifères de l'Asie centrale, telles que l'*Assa fœtida* et le *Galbanum*, aujourd'hui presque complétement délaissés. Le genre Ciguë, qui comprend les plantes les plus vénéneuses du climat européen, fait partie de la famille des Ombellifères. Il est très-proche parent des genres Cerfeuil (*Chærephyllum*) et Persil (*Apinun Petroselinum*). La plus dangereuse des Ciguës est la Petite Ciguë (*Ethusu Cynapium*); elle ne diffère du Cerfeuil que par le vert plus foncé de ses feuilles et la forme plus aiguë de leurs divisions; c'est un poison aussi violent que les grandes espèces du genre Ciguë.

L'embranchement des Dicotylédonées, parmi les nombreuses familles dont il se compose, contient un certain nombre de plantes médicinales, du domaine de la médecine domestique, qu'il est utile de signaler; car souvent, à la campagne, on souffre d'indispositions légères qu'on pourrait dissiper à l'aide de plantes sur lesquelles on marche, sans en soupçonner les propriétés utiles.

Le Pavot rouge sauvage, plus connu sous le nom de Coquelicot, fleurit pendant tout l'été dans les champs cultivés en céréales. Il faut en récolter les pétales seulement, sans les calices et les tiges qui les supportent, les faire sécher avec soin à l'ombre, et les con-

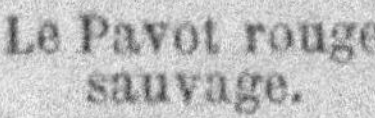
Le Pavot rouge sauvage.

La Consoude.

server dans un lieu très-sec. L'infusion légère de pétales de Coquelicot est une excellente tisane pectorale, à prendre chaude, légèrement sucrée ; elle calme promptement la toux la plus opiniâtre.

La Consoude (*Symphitum*) croît en abondance sur le bord des eaux tranquilles ; on la reconnaît aisément à ses fleurs monopétales, tantôt blanches, tantôt rouges tournant au violet, et à ses longues feuilles pointues, rudes au toucher. La racine, partie utile de la plante, est noire en dehors et blanche en dedans. On la récolte au printemps, dès que la Consoude montre ses premières fleurs. La décoction de racine de Consoude, soit sèche, soit fraîche, calme la toux et fait cesser la diarrhée.

La Fumeterre (*Fumaria*) se rencontre partout à l'état de mauvaise herbe, dans les champs et dans les jardins. Le suc de cette plante, à la dose d'un demi-verre le matin à jeun, et la tisane de la même plante sèche, sont très-utiles aux enfants délicats, d'une constitution lymphatique.

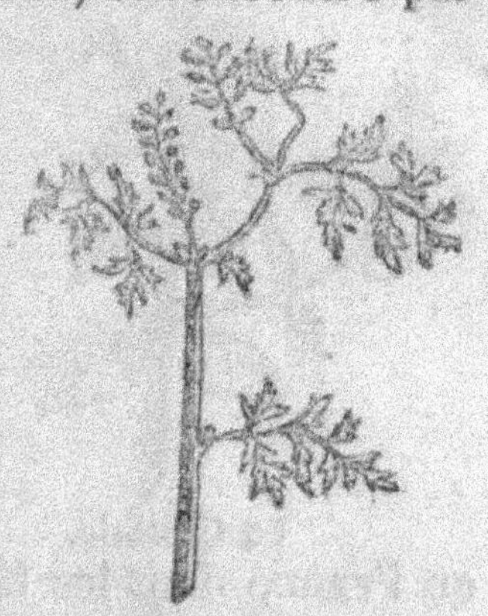

La Fumeterre.

La Gratiole est souvent employée en infusion comme purgatif; c'est une plante suspecte, dont ne doivent user que les hommes d'un tempérament très robuste; encore ont-ils souvent à se repentir d'avoir eu recours à la Gratiole pour se purger.

Le Polygala est une très-petite plante, aux fleurs charmantes, d'un beau bleu de ciel ou d'un rouge vif.

Une poignée de sommités fleuries de Polygala, sèches ou fraîches, en infusion dans une tasse d'eau bouillante, coupe facilement les fièvres intermittentes de printemps et d'automne. Le Polygala est commun partout

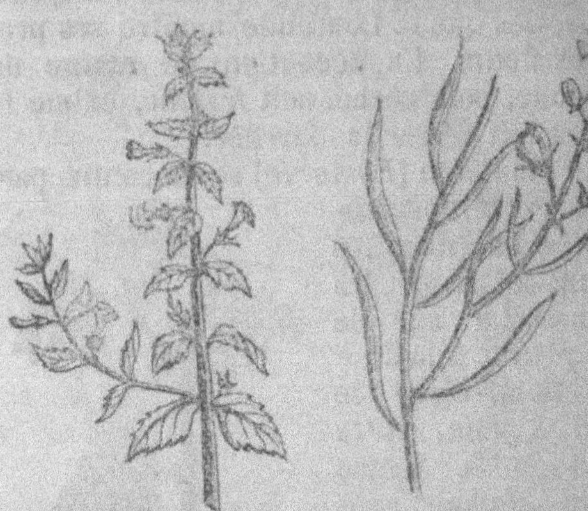

La Gratiole. Le Polygala.

en France dans les terrains secs incultes, et sur la lisière des bois.

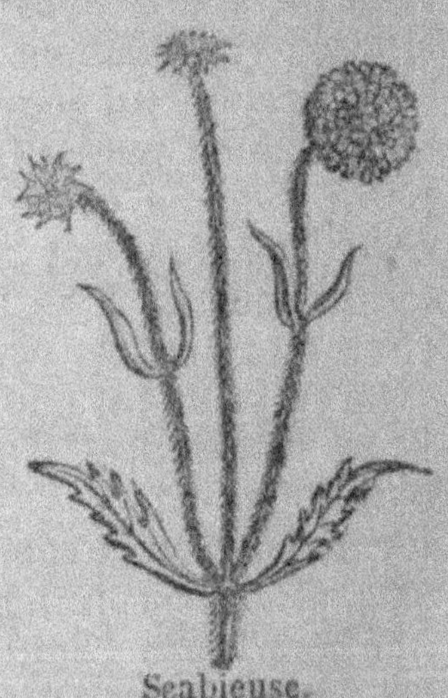

Scabieuse.

La Scabieuse (*Scabiosa*) dont la fleur est une des plus gracieuses parmi les fleurs sauvages de notre climat, est utilisée en tisane légère, pour favoriser le traitement des maladies de la peau ; il est facile d'en faire provision, car elle croît partout en abondance dans les terrains boisés.

La Gentiane (*Gentiana Lutea*) n'est commu-

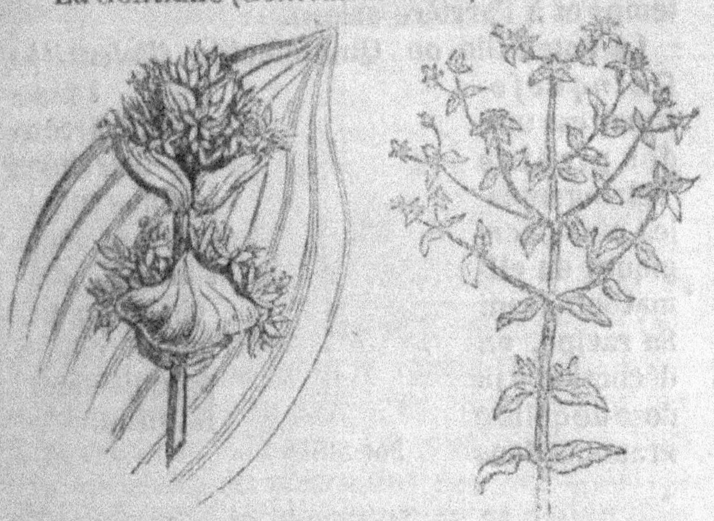

Gentiane. Hypéricum.

ne en France que dans les pays de montagnes. Sa racine, jaune, très-grosse par rapport aux dimensions de la plante, est amère, tonique et vermifuge; trente grammes de cette racine, infusés pendant vingt-quatre heures dans un litre de vin blanc, composent un vin de Gentiane, utile aux enfants qui ont des vers, et dont la croissance est plus ou moins difficile.

L'*Hypéricum* ou Millepertuis (*Hypericum perforatum*) se fait remarquer tout l'été par ses beaux bouquets de fleurs jaunes, sur la lisière des bois. La décoction légère de sommités fleuries de cette plante prévient les fièvres intermittentes, dans les pays où ces maladies règnent habituellement au printemps et à l'arrière-saison.

La Potentille ou Quintefeuille (*Potentilla Quinquefolium*) est une des plantes astringentes les plus énergiques du climat européen. Sa racine, en décoction à la dose de quinze grammes dans une tasse d'eau, arrête les diarrhées les plus rebelles, sans occasionner d'échauffement quand elle a produit son effet utile.

Potentille.

CHAPITRE VI

—

COUP D'ŒIL SUR LA VÉGÉTATION DU GLOBE.

Il n'est pas sans intérêt de prendre en terminant un aperçu de la végétation des différentes parties du globe, en commençant par les régions polaires. Les contrées les plus rapprochées du pôle n'ont pas de végétation du tout. Il a été impossible au capitaine Ross et à ses compagnons de faire comprendre aux Esquimaux, qui pourtant connaissaient la langue, ce que c'est qu'un arbre, dont les Esquimaux ne pouvaient se former aucune idée ; ils étaient fort intrigués pour chercher à se rendre compte de la nature du bois et des autres substances faisant partie des navires. Leurs canots d'os de baleine, doublés de peaux de phoques, et leurs traîneaux composés de grands poissons gelés, ne pouvaient leur fournir aucun terme de comparaison.

Le Groenland (*terre verte*) et les latitudes correspondantes de la Sibérie septentrionale, sont embellis, pendant le peu de temps où la végétation y est possible, par un gazon fin, serré, d'un vert d'émeraude, composé de très petites Graminées au milieu desquelles, dans les endroits abrités, croissent en abondance des Fraisiers dont le fruit parvient à maturité. C'est le seul fruit mangeable qui s'offre à l'homme au Nord du cercle polaire, dans des pays où le thermomètre descend en hiver au-dessous de quarante degrés.

Un peu plus au Midi, on rencontre des touffes de Mélèzes tortus et rabougris ; c'est le seul arbre qui résiste au climat affreux de ces tristes contrées. Quelques degrés plus au Sud commencent en Laponie, en Sibérie et dans les plaines désertes de l'extrémité Nord du continent américain, les Forêts exclusivement formées d'arbres résineux conifères, toujours verts, entremêlés d'abord de quelques arbres à feuilles caduques; ceux de ces arbres qui s'avancent le plus vers le Nord sont le Tilleul et le Bouleau, associés plus loin au Peuplier, à l'Orme et au Hêtre. Les immenses forêts des régions septentrionales des deux continents permettent, en faisant l'office de brise-vents, d'établir dans leurs clairières la culture de quelques plantes alimentaires et économiques. Jusque sous les latitudes tempérées, les forêts de l'Europe et de l'Asie conservent leur caractère d'uniformité. Aux Pins et Sapins, associés avec quelques Tilleuls et quelques Bouleaux, succèdent les forêts de Chênes, de Hêtres et de Charmes, toujours composées d'une seule essence forestière, par grands massifs.

Dans l'Amérique du Nord, l'uniformité cesse aussitôt qu'on est sorti de la région des Pins et Sapins. Les arbres d'essences variées s'y rencontrent en grand nombre ; ce sont des Noyers, des Genévriers grands comme des Cyprès, des Érables, parmi lesquels l'Érable à sucre, dont on utilise la séve sucrée, et le majestueux Platane d'Occident, actuellement admis à orner les promenades publiques de la capitale, en concurrence avec l'Orme et l'Érable Sycomore. Ici se rencontre sur le continent américain, dans celles de ses plaines qui ne sont pas boisées, les vastes terrains ondulés, couverts de grandes herbes, que les Américains nomment *la prairie*, principalement composée de grandes Graminées. Ces herbes qu'on ne fauche jamais, et dont les bandes de bisons qui vivent dessus ne sauraient, malgré leur grand nombre, consommer sur place qu'une faible partie, sont de temps en temps rajeunies par des incendies accidentels, le plus souvent allumés par la foudre. En Europe, sous les latitudes équivalentes, tout ce qui n'est pas boisé est livré à la culture des Céréales, des plantes fourragères, des légumes et des arbres à fruits. Un peu plus au sud, on entre dans la région de la

Vigne, puis dans celle des Oliviers où cet arbre croît en pleine terre à l'air libre, à côté de l'Oranger, du Grenadier et du Laurier rose. Les grandes chaînes de montagnes, spécialement celles des Alpes et des Pyrénées, nous montrent à leur base les cultures des climats tempérés; sur leurs pentes au nord, de grandes forêts d'abres conifères ; sur leur versant méridional, les cultures des climats chauds. En Amérique, longtemps avant d'atteindre le tropique, nous sommes en présence d'une végétation presque tropicale dans les Etats du sud de l Union, dont la culture principale est celle du Cotonnier. En traversant le continent américain pour nous rapprocher des côtes de l'océan Pacifique, nous remarquons en Californie le *Sesquoïa Gigantea*, arbre deux ou trois fois plus élevé que les plus grands arbres des forêts d'Europe. En avançant toujours vers le sud, nous entrons dans les régions tropicales. Ici, tout change, tout diffère de ce qu'on voit ailleurs; on comprend la stupéfaction de Christophe Colomb et de ses compagnons, à l'aspect d'une nature végétale dont ils ne pouvaient avoir aucune idee ; nul d'entre eux n'avait pu rêver rien de pareil. Des centaines d'espèces diverses composent les forêts vierges du nouveau continent; les arbres de ces forêts sont rattachés entre eux par des Lianes, plantes grimpantes sarmenteuses dont l'une produit la Vanille. Ces Lianes sont entrelacées aux tiges grimpantes de la Grenadille ou fleur de la passion, à la corolle d'un rouge éclatant, cultivée en Europe comme plante d'ornement dans la serre tempérée. Beaucoup d'entre ces arbres n'ont pas le temps d'atteindre les dimensions normales de leur espèce; ils ne meurent jamais de vieillesse. Quand ils ont pris une partie de leur accroissement, les Orchidées et les plantes parasites les étouffent et les font périr ; les rejetons et les végétaux nés des semis naturels remplacent les morts et croissent rapidement, en partie aux dépens des débris de ceux qui viennent de périr, et dont ils partageront le sort à leur tour. Dans les parties déboisées et sur les flancs des montagnes, les Agavés et les *Cactus* de dimensions gigantesques impriment à la végétation un caractère qui ne ressemble à la Flore d'aucune autre partie du globe.

Fleur de la Passion.

Sur les bords de l'Orénoque, de l'Amazone, du Cassiquiari, du Rio Negro et de la Madeïra, la scène change. Pendant la saison sèche, on s'y promène à l'ombre d'arbres de toute espèce, dont le tronc, jusqu'à la hauteur de 7 ou

8 mètres, est dégarni de branches et parfaitement droit, ce qui fait ressembler la forêt à une colonnade immense, dégagée de lianes et de broussailles. On se rend facilement compte des causes de ce phénomène pendant la saison des pluies ; les grands fleuves américains sortent alors de leur lit et montent à une hauteur telle que les sommets ramifiés des arbres restent seuls hors de l'eau.

Plus loin encore, au centre du Brésil, on trouve les arbres les plus grands, et probablement les plus vieux de toute la terre ; ils appartiennent au genre *Hymenea Courbaril*. Le botaniste allemand Martius, qui en a donné un dessin dans la relation de son voyage au Brésil, ne pouvait en croire ses yeux. Quatorze sauvages de la tribu des Botocudos ne pouvaient, en se tenant par la main, entourer à sa base le tronc d'un de ces arbres ; ils les nommaient dans leur langue *Capa-été*, la vieille forêt. Rien n'a permis à Martius de se former une idée même approximative de l'âge réel de ces doyens des arbres de notre planète.

Quand on a passé l'équateur et franchi au sud les limites des régions tropicales, on retrouve une végétation analogue à celle de l'Amérique du Nord, et d'immenses *pampas* couvertes de grandes herbes, tout à fait semblables aux *prairies* des États-Unis. Dans la Patagonie, région incomplétement explorée, la végétation prend un caractère de plus en plus rapproché de celle de l'Europe tempérée. Au delà du détroit de Magellan, les îles de la Terre de Feu, hérissées de volcans, sont soumises à un climat peu différent de celui de la Laponie; elles n'ont pas beaucoup plus de végétation que le pays des Esquimaux.

Dans l'ancien monde, on trouve d'abord au nord de l'Afrique, le long du bassin de la Méditerranée, une végétation analogue à celle du midi de l'Europe, des forêts peuplées de Chênes-Liéges et d'Oliviers sauvages; mais les grandes plantations de Palmiers-Dattiers qui dominent tous les autres arbres, montrent assez qu'on est hors du climat européen. Le savant professeur Desfontaines, dans un voyage long et périlleux, a fait connaître la Flore de l'Atlas, peu différente sur bien des points de la Flore des Alpes et des Pyrénées. Au delà du versant méridional de l'Atlas, c'est le désert; au delà du désert, c'est l'inconnu. Probablement l'intérieur inexploré de l'Afrique centrale, de même que la grande île africaine de Madagascar, a encore bien des richesses végétales à nous faire connaître, quand on y pourra voyager avec un peu de sécurité.

L'Asie, qui constitue le massif principal de l'ancien continent, contient au sud de la Sibérie, jusqu'au versant nord de la chaîne immense des monts Altaï, des forêts de Conifères et de Chênes, sous un climat analogue à celui de l'Europe centrale ; le sol, principalement dans la fertile province de Daourie, se prête à toutes les cultures des végétaux alimentaires et économiques du climat européen. Entre la chaîne de l'Altaï et celle de l'Hymalaïa, c'est le désert de Kobi, dont les Tartares nomades parcourent les solitudes, campant tour à tour partout où ils peuvent trouver un peu d'herbe pour leurs chevaux et leurs chameaux.

A l'extrémité orientale de l'Asie, nous retrouvons une végétation toute méridionale au sud du Céleste-Empire, ainsi que dans l'archipel du Japon. La végétation se montre tout à fait tropicale dans les deux presqu'îles de l'Indostan, en deçà et au delà du Gange. Nos récentes acquisitions dans la Cochinchine nous ont mis à même de connaître à fond la flore de ces contrées si riches d'avenir où le Cotonnier et tous les autres végétaux utiles des colonies tropicales croissent ou peuvent croître à profusion. Dans l'Indostan proprement dit, sur les bords du Gange et du Brahmapouter, les Bambous gigantesques, les Palmiers, la Canne à sucre, et toute la végétation tropicale étalent leurs richesses à côté des cultures de Riz et de Cotonnier. L'aspect change peu dans la presqu'île de Malacca; il se modifie dans les îles du Grand-Archipel indien, où commencent à se montrer les Fougères de taille colossale; dans les forêts, les arbres sont surchargés de belles Orchidées vivant en parasites sur leur écorce; les prairies sont émaillées de plantes d'une floraison splendide, parmi lesquelles les Broméliacées brillent au premier rang. La grande île de Bornéo, peu inférieure en étendue à celle de Madagascar, a encore, comme cette dernière, bien des richesses végétales à nous communiquer.

Sur le continent australien, tout change subitement; les grands végétaux, à l'exception des Fougères arborescentes, ne ressemblent pas, même de loin, à ceux des forêts des îles de la Sonde et des îles Moluques. On se promène là au milieu de forêts où l'on peut ouvrir son parasol pour se garantir contre l'ardeur du soleil; les arbres ont si peu de feuilles qu'ils ne donnent pas ou presque pas d'ombrage; aucun d'eux ne produit un seul fruit mangeable; la végétation entière est maigre et triste; le brun et non le vert est la couleur dominante du feuillage. C'est seulement dans les environs des villes anglaises, Sidney, Bathurst, Melbourne, et sur les bords colonisés du fleuve Victoria, qu'on trouve des campagnes cultivées en céréales, et des vergers plantés d'arbres fruitiers apportés d'Europe.

Sous une latitude un peu plus favorable, à la Nouvelle-Zélande et à la Nouvelle-Calédonie, devenue possession française, la végétation en partie australienne, en partie analogue à celle de l'archipel Indien, est plus ample et plus variée. Dans les innombrables archipels de la Polynésie, la végétation devient tout à fait tropicale. Nous retrouvons, aux îles Marquises et aux îles des Amis, placées sous le protectorat de la France, la meilleure espèce connue de Canne à sucre, et l'Arbre à Pain, la grande ressource alimentaire des naturels de ces archipels.

Dans ce voyage botanique à vol d'oiseau nous n'avons signalé nulle part le Froment et les autres céréales ailleurs que dans les champs cultivés; c'est qu'en effet ces plantes n'existent nulle part à l'état sauvage; elles sont le produit de l'industrie humaine; ce sont des Graminées améliorées par la culture depuis une longue suite de siècles; car le Blé, âgé d'au moins quatre mille ans, qu'on trouve dans les coffres renfermant les momies d'Egypte, ne diffère pas essentiellement des bonnes espèces de Froment actuellement cultivées. De même, la plupart des fruits sauvages sont à peine mangeables; c'est le travail de l'homme qui les a pour ainsi dire créés en les améliorant. Dans nos potagers, il n'y a pour ainsi dire pas une plante qui ne soit de même l'ouvrage de l'homme. Mais si l'homme a beaucoup fait, il lui reste beaucoup à faire; il s'en faut de beaucoup qu'il ait approprié à ses besoins et perfectionné par la culture tous les végétaux dont il pourrait tirer parti, soit pour sa nourriture, soit pour ses diverses industries. Il y a toujours dans les parties les moins connues des deux continents, des botanistes intrépides qui recherchent partout les végétaux inconnus, risquant à tout moment leur vie pour accroître le catalogue des plantes connues, classées et décrites, parmi lesquelles il peut s'en trouver quelqu'une d'une valeur inappréciable, comme la Pomme de Terre et le Maïs se sont rencontrés dans la F ore de l'Amérique. Rien ne peut assigner des limites à ces conquêtes de la botanique, qui ne coûtent rien à personne, et qui profitent au genre humain tout entier.

FLORICULTURE

—

Celui qui a puisé dans ce qui précède les principes élémentaires de la Botanique doit tout naturellement souhaiter d'appliquer, selon sa position, les éléments de cette aimable science, qui procure à ses adeptes les plaisirs les plus réels et les plus inoffensifs. La plus agréable des applications de la Botanique, c'est la *Floriculture*. Tout le monde, à la ville comme à la campagne, peut se donner la satisfaction de cultiver des fleurs; personne n'est exclu de cette sorte de délassement : il y a des fleurs pour tout le monde.

Je prends la supposition la plus défavorable de toutes. Vous êtes en convalescence après une longue maladie; le danger est passé, mais plusieurs mois s'écouleront avant qu'il vous soit permis de sortir et de reprendre vos occupations habituelles. La moindre fatigue vous est interdite par le médecin ; si vous aviez, comme beaucoup de citadins, un jardin sur la fenêtre, il ne vous serait même pas permis d'en prendre soin. Faut-il, dans de telles circonstances, vous priver complètement du plaisir de soigner quelques jolies plantes et de les voir fleurir? Vous allez voir qu'il n'en est rien.

Faites rechercher dans votre voisinage quelques touffes de deux Sedums, l'un à fleurs jaunes, à feuilles en forme d'écailles, terminées en pointe, l'autre à fleurs blanches, à feuilles globuleuses, semblables à des graines oblongues. Rien de plus commun que ces deux Sédums; à Paris: les talus empierrés qui avoisinent le pont d'Austerlitz en sont tapissés; on les trouve sur tous les vieux murs des quartiers peu bâtis, voisins de l'enceinte fortifiée. Attachez une ou deux de ces touffes à un gros fil sans trop les serrer ; suspendez-les à la muraille, au moyen d'une grosse épingle piquée dans le papier de tenture. Au bout d'un jour ou deux, que votre chambre soit chaude ou froide, obscure ou éclairée par le soleil, vous verrez les tiges des Sedums se recourber en s'allongeant et prendre la position que prend un canard lorsqu'on le tient par les pattes et qu'il désire éviter une congestion cérébrale. Bientôt, des boutons à fleurs se montreront au sommet des tiges ainsi redressées; elles s'ouvriront en étoiles, les unes d'un jaune d'or, les autres d'un blanc d'argent; vous pourrez voir se développer les étamines et le pistil, les pétales se flétrir et tomber après la fécondation, l'ovaire grossir, la graine arriver à maturité, et, si vous voulez récolter cette graine, il ne tiendra qu'à vous de la semer l'année prochaine dans un pot et d'en obtenir des touffes aussi florifères que celles qui viennent d'égayer votre solitude.

N'est-ce pas un vrai plaisir que celui de voir à chaque instant les é éments puisés par la plante dans l'atmosphère de votre chambre, par ses feuilles et ses tiges, la faire grandir, fleurir, fructifier, sans le secours de la terre ou de l'eau, et lui faire parcourir sous vos yeux toutes les phases de la vie végétale ? Si vous laissez les Sédums accrochés au mur, après avoir fleuri et porté graine, ils finiront par mourir et se dessécher. Mais si, aussitôt après la floraison, vous retranchez les fleurs, vous pouvez planter les Sédums dans un pot rempli de terre légèrement humide ; ils s'enracineront et donneront une multitude de jeunes pousses disposées à fleurir abondamment au printemps de l'année suivante. Vous aurez donc bel et bien fait d'abord du vrai jardinage, de la floriculture sans terre et sans eau, puis observé de près l'accomplissement des phénomènes les plus curieux de la physiologie végétale.

Supposons que votre réclusion forcée pour cause de convalescence coïncide avec le mois de juin. Dans ce cas, vous vous procurerez, pour un déboursé qui ne dépasse pas quelques décimes, un rameau d'une plante grasse, la Rhodiole rose, proche parente des Sédums jaune et blanc. Vous piquerez dans le papier de tenture trois épingles sur la même ligne. Sur ces trois épingles, posez horizontalement le rameau de Rhodiole. Bientôt, son extrémité supérieure se redressera en s'allongeant de près d'un décimètre, et donnera un élégant corymbe de fleurs d'un rose pâle, légèrement teinté de violet. C'est cette plante qui porte le nom vulgaire d'Herbe de St-Jean ; elle croît en abondance dans tous les lieux boisés de nos départements du centre. La manière de la faire ainsi fleurir sur la muraille d'une chambre est très-connue et très-pratiquée. Si la Rhodiole, cueillie le 15 juin, fleurit avant le 24, fête de St-Jean-Baptiste, la chose à laquelle on a pensé en la suspendant au mur doit se réaliser. C'est un oracle dans le genre de celui de la pâquerette effeuillée, et digne de la même confiance. Comme les Sédums blanc et jaune, la Rhodiole, après avoir fleuri, peut être mise en terre, s'enraciner, et former une touffe florifère pour l'année suivante.

Mais c'est à l'entrée de l'hiver, en novembre ou décembre, que vous êtes forcément retenu à la maison, au coin du feu. La place naturelle du jardin est, dans ce cas, sur l'appui de la cheminée.

Je ne vous suppose pas assez favorisé de la fortune pour vous payer le luxe d'une étagère ornée de plantes grasses naines, ou, pour orner votre chambre, de ce meuble élégant qu'on nomme *jardinière*, garni de Camélias, de Cinéraires, d'Azalées et des autres végétaux d'ornement que l'art de l'horticulture sait faire fleurir en plein hiver ; tout cela coûte fort cher et ne saurait être à la portée de tout le monde. Achetez, seulement pour 50 à 60 centimes, une douzaine d'oignons de Crocus, quatre blancs, quatre jaune et quatre violets. Achetez aussi pour 10 centimes de mousse sèche chez l'herboriste ; rangez les oignons sur le fond d'une assiette creuse ; recouvrez-les de mousse, en laissant seulement le sommet des oignons à découvert, et arrosez le tout légèrement avec de l'eau claire. Les oignons, rien qu'avec le secours de l'eau que vous aurez soin de renouveler pour que la mousse ne se dessèche pas, entreront bientôt en végétation, et donneront d'abord des feuilles étroites du plus beau vert, ensuite des fleurs aux couleurs éclatantes, qui se succéderont pendant près d'un mois.

Avec un peu plus de latitude dans votre budget à l'article des fleurs, vous ajouterez au jardin sur la cheminée deux carafes de verre blanc, au ventre renflé, à l'ouverture entourée d'une gorge circulaire, disposée tout exprès pour recevoir des oignons à fleurs ; ceux de Jacinthes et de Narcisses-Jonquilles sont les plus intéressants à cultiver de cette manière. Ces oignons, rien qu'avec le secours de l'eau contenue dans les carafes et de l'air de la chambre, émettront d'abord des racines qui plongeront jusqu'au fond de l'eau, puis des feuilles et finalement des fleurs aussi colorées, aussi riches de parfum, que si elles s'étaient épanouies au printemps, à l'air libre, dans les plates-bandes d'un parterre. Il arrive assez souvent que les oignons ainsi cultivés dans l'eau en plein hiver ne donnent que des fleurs avortées, dont les tiges atteignent à peine à la moitié des feuilles. Cette déception tient à l'omission d'une précaution des plus simples. Au moment où les oignons sont placés à l'orifice des carafes, en novembre ou décembre, il fait déjà froid ; le feu est entretenu dans les cheminées du matin au soir. Les oignons posés immédiatement sur l'appui de la cheminée ont trop chaud ; c'est ce qui fait épanouir prématurément et par conséquent avorter en partie leur floraison.

Il faut tenir les carafes pendant une huitaine de jours dans une chambre sans feu, et ne les mettre sur la cheminée de la chambre chauffée que quand les racines sont bien formées et que les feuilles commencent à se développer. Au moyen de cette transition, la végétation des oignons à fleurs suit son cours régulier, et décore jusqu'aux premiers beaux jours de mars le jardin sur la cheminée.

Voici le mois d'avril ; des occupations sédentaires vous retiennent au logis ; les deux fenêtres qui laissent pénétrer le jour dans votre chambre sont garnies extérieurement de balcons en fer ou de balustrades en bois. Vous pouvez donc vous donner l'agrément d'un jardin sur la fenêtre. La floriculture est possible sur une assez grande échelle dans ces conditions ; des caisses longues et étroites, remplies d'un mélange par parties égales de terreau et de terre franche de jardin, reçoivent à leurs deux extrémités des Lilas de Perse, des Rosiers, des Jasmins même, si l'exposition est assez méridionale. Le milieu, pour ne pas trop intercepter la lumière, est, selon la saison, garni de fleurs qui se succèdent sans interruption, dont la hauteur ne dépasse pas la moitié au plus de celle de la balustrade du balcon. Si vous prenez la peine de semer vous-même, de mars en mai, des graines de diverses plantes d'ornement, parmi celles qui, sous le climat moyen de la France, végètent le mieux à l'air libre, vous aurez deux fois plus de plaisir à voir ces plantes croître sous vos yeux que si vous achetiez au marché les mêmes plantes fleuries ou prêtes à fleurir. C'est surtout aux étages supérieurs des maisons que, même dans les rues étroites des villes populeuses, où le pavé est rarement visité par le soleil, le locataire, forcé par la nature de ses occupations de s'absenter rarement, peut jouir du jardin sur la fenêtre. Un demi-cerceau, sur lequel les Haricots d'Espagne et les Volubilis viennent s'enrouler avec grâce, encadre ce jardin en miniature d'un cintre de verdure à floraison prolongée; si vos fenêtres s'ouvrent à l'exposition du nord ou du nord-ouest, le Lierre d'Irlande, qui n'a rien à craindre du froid le plus rigoureux, tiendra la place des Volubilis et des autres plantes grimpantes florifères. Arroser à propos, ni trop ni trop peu; ôter les feuilles jaunies, les fleurs fanées; réparer les dégâts causés par les coups de vent et la grêle pendant les orages, récolter les graines parvenues à maturité, ce sont là des soins de tous les jours, de tous les instants, qui donnent un charme particulier à chaque fleur dont l'épanouissement est guetté avec une vive impatience; deux fenêtres à une exposition favorable, garnies de plantes d'ornement dans des caisses et des pots, renouvelées à mesure qu'elles ont passé fleur, peuvent procurer au citadin des plaisirs aussi variés que ceux qu'on peut attendre d'un véritable parterre à la campagne.

A l'exception des dépendances des grands hôtels des quartiers habités par les familles opulentes, il n'y a plus de jardins dans l'intérieur de Paris ni des grandes villes. Mais, dans un rayon assez étendu autour de tous les grands centres de population, la spéculation a mis à la portée des amateurs dont le budget n'est pas millionnaire, des jardins peu coûteux, d'un entretien facile, où, de temps à autre, la famille va faire connaissance avec le soleil et le grand air ; elle aime à en revenir chargée de bouquets ; la principale destination de ces jardins de la très-petite propriété, c'est la floriculture. Quand l'espace le permet, et que la nature du sol n'y met pas obstacle, quelques arbustes à fruits, Groseillers, Framboisiers, un carré de Fraisiers, et même un petit nombre d'arbres fruitiers d'un bon choix, donnent aux jardins de cette catégorie un attrait de plus.

Confier à un jardinier de profession le soin de cultiver le jardin qu'on visite le dimanche après y avoir pensé toute la semaine, ce ne serait pas seulement une dépense superflue, ce serait perdre le meilleur du plaisir que ce coin de terre de prédilection peut vous procurer ; si vous voulez en jouir, cultivez-le vous-même. Il n'est pas pour cela nécessaire de vous faire jardinier ; quelques conseils, auxquels vous vous conformerez aisément, suffiront pour vous guider ; je suis heureux de vous les offrir.

CALENDRIER DE LA FLORICULTURE

JANVIER

On ne visite guère le parterre en janvier, et l'on a tort ; car s'il a peu de fleurs à nous offrir, il peut être riche d'espérances dans sa tenue d'hiver. Lorsqu'il ne survient pas de trop fortes gelées en janvier, le parterre peut offrir en fleurs deux plantes auxquelles leur floraison hivernale donne à elle seule un grand prix, l'Hellébore rose d'hiver et la Perce-neige. Les touffes de ces deux plantes, au milieu des arbustes à feuillage persistant, tels que les Houx panachés, les Aucuba, les Alaternes, les Rhododendrons, donnent un aspect attrayant au parterre, dans les intervalles qui séparent les périodes de gelées. Il faut profiter de ces intervalles pour planter les arbres, arbustes et plantes d'ornement qui fleuriront en février et mars.

Si vous pouvez enterrer dans un compartiment à demi-ombre quelques brouettées de terre de bruyère, plantez-y avant la fin de janvier quelques belles variétés de Rhododendrons, d'Azalées de pleine terre, d'Andromèdes, et d'autres arbustes de la même série, auxquels vous pourrez associer une ou deux belles touffes de Cognassier du Japon, dont les boutons à fleurs ne tarderont pas à se montrer. Entre ces végétaux ainsi qu'au pied des arbres à feuilles persistantes qui ne réclament pas la terre de bruyère, formez de petits tapis carrés d'Aubletia, plante rampante dont la verdure pâle disparaîtra sous une profusion de fleurs violettes dès la fin de février, et continuera à fleurir jusqu'à la fin du printemps. Ne négligez pas, si vous avez assez de place pour les admettre, les arbres à fleurs doubles et semi-doubles, spécialement le Pêcher double, le Cerisier double et le Pommier semi-double de la Chine, tous trois à floraison également abondante et précoce ; il n'est pas nécessaire que votre jardin soit bien grand pour que vous y puissiez planter au moins un spécimen de chacun de ces trois arbres. Le Pommier de la Chine a pour ennemi un redoutable insecte, le puceron lanigère, qui doit son nom au duvet laineux dont son corps est couvert ; il se multiplie avec une déplorable rapidité, et vit aux dépens de l'écorce des Pommiers, qu'il suce en y faisant naître des plaies cancéreuses le plus souvent mortelles. Divers liquides caustiques sont vendus fort cher pour la destruction du puceron lanigère ; en général, ces liquides ne détruisent que les Pommiers ; ils ne sont réellement avantageux qu'à ceux qui les vendent.

Le poil long et épais dont le puceron lanigère est entièrement couvert empêche qu'un liquide quelconque puisse l'atteindre ; après avoir été arrosé des compositions les plus corrosives, il ne s'en porte que mieux. En janvier, entre deux gelées, avant que les bourgeons du Pommier de la Chine manifestent les premiers signes de la reprise de la végétation, s'ils sont envahis du puceron lanigère, il faut les en débarrasser par le *coulinage*. Cette opération, dont la pratique généralisée dans nos départements de l'ouest, a sauvé d'une destruction imminente les pommiers à cidre de la Normandie, consiste à promener rapidement une torche enflammée, composée de paille enduite de goudron, sur toute la surface des Pommiers attaqués. La flamme, pendant le sommeil de la végétation du Pommier, ne porte à cet arbre aucun prejudice; elle fait infailliblement périr le puceron lanigère en mettant le feu à sa toison.

Pour peu que la terre de votre jardin soit froide et compacte, faites, pour la rendre meilleure, provision de terreau; le terreau est l'âme de la floriculture. C'est du fumier pur qui, après avoir servi à composer les couches employées par les jardiniers pour la culture forcée, a perdu sa chaleur, épuisé sa fermentation, et s'est converti en une masse noirâtre uniforme, friable, presque pulvérulente. La plupart des plantes d'ornement de pleine terre ne prospèrent et ne donnent une floraison satisfaisante que quand leurs racines vivent dans un mélange de bonne terre franche de jardin et de terreau, par parties égales. Partout où la culture maraîchère est pratiquée, le terreau peut être obtenu à très-bas prix ; les jardiniers maraîchers en ont toujours plus qu'ils n'en peuvent employer ; ils ne demandent pas mieux que de s'en défaire aux conditions les plus modérées.

Quand les fortes gelées de l'hiver semblent à peu près passées, on peut commencer en janvier à planter les arbres fruitiers ou les arbres d'ornement, surtout si la terre du jardin est plutôt d'une nature sèche et légère que d'une nature argileuse, compacte, retenant longtemps l'eau des pluies avant de la laisser s'évaporer ou s'infiltrer dans le sous-sol ; tout dépend de la manière dont l'hiver se comporte, et l'on sait que la température de l'hiver, sous le climat moyen de la France, est excessivement variable d'une année à l'autre. En principe, il ne faut planter ni arbres ni arbustes quand il gèle ou que des gelées un peu sévères peuvent être à craindre. Mais dès qu'on peut croire qu'on a, comme disent les jardiniers, l'hiver derrière soi, il faut s'occuper des plantations ; on a souvent lieu de se repentir d'avoir planté trop tard ; on se repent rarement d'avoir planté de bonne heure.

Les oignons de Tulipe qui ont été mis en place dans le parterre en automne n'ont pas besoin de protection ; le froid le plus rigoureux des hivers du climat de Paris ne peut leur nuire en aucune façon ; dès le premier dégel définitif, ils n'en commencent pas moins à montrer hors de terre leurs feuilles en forme de cornet. Au contraire, les Jacinthes plantées à la même époque craignent plus ou moins les grands froids, et, comme il est impossible de savoir d'avance avec certitude si l'hiver sera doux ou rigoureux, il est prudent de les couvrir. Mais on se gardera d'employer à cet effet du fumier, fût-il très-avancé en décomposition ; les Jacinthes cultivées en pleine terre ne doivent être couvertes qu'avec des feuilles sèches ou de la paille, sans mélange de fumier. Si l'on a commis la faute de couvrir les Jacinthes avec du fumier en fermentation, les fleurs avortent, les oignons se ramollissent, la planche de Jacinthes est perdue. Beaucoup d'amateurs, par ce motif, ne plantent leurs oignons de Jacinthes qu'au mois de mars ; il n'en résulte aucun inconvénient quand l'hiver est un peu dur ; mais, s'il est doux, les oignons conservés sans être plantés entrent prématurément en végétation, sans qu'il soit possible de les en empêcher ; quand vient la saison de les planter, ils sont déjà fatigués, ils ne peuvent donner qu'une floraison médiocre. Il vaut donc mieux, sous tous les rapports, les mettre en place en automne et les protéger ensuite contre les fortes gelées de décembre et janvier, par un moyen quelconque, pourvu que ce ne soit point avec du fumier.

FÉVRIER

La température de la première quinzaine de février est rarement favorable aux opérations du jardinage, surtout à celle de la floriculture. Un proverbe bien connu dans toute la France dit à ce sujet : « A la Chandeleur, grande douleur ! » Souvent, en effet, à la fête de la Chandeleur (2 février), il gèle à pierre fendre, il n'y a par conséquent rien à faire dans les jardins. Un autre proverbe non moins exact dit, en parlant de la température de ce mois : « Février remplit les fossés. » Des pluies abondantes accompagnent fréquemment le dégel définitif, ce qui, joint à la fonte des neiges, détrempe la terre à tel point qu'il devient impossible de la façonner. Mais, quand les saisons suivent normalement leur marche habituelle, dès la seconde quinzaine de février, la terre suffisamment ressuyée peut être labourée, amendée avec du fumier et du terreau, et livrée sans difficulté à la floriculture.

Aussitôt les labours terminés, après avoir relevé et dédoublé au besoin les vieilles touffes de plantes vivaces d'ornement, telles que les Phlox et les Digitales, on répare les bordures, et l'on sable les allées. Pour les bordures, le Buis nain a encore un grand nombre de partisans ; les bordures de Buis nain sont propres, solides et très durables. Mais, par compensation, elles favorisent singulièrement la multiplication des limaces ainsi que celle d'une foule d'insectes nuisibles aux produits du jardinage ; de plus, le Buis sent mauvais et n'est point florifère. Les bordures d'Œillets mignardise, et les bordures de Thym toujours parfumées, même quand elles ne sont point en fleur, méritent, pour les plates-bandes des jardins de petites dimensions, la préférence sur les bordures de Buis nain.

Les plantations que l'état de la température n'a pas permis de terminer en janvier peuvent presque toujours être faites pendant la dernière semaine de février.

Dans les petits jardins, que j'ai spécialement en vue en écrivant ces instructions, les arbres fruitiers ne peuvent tenir une grande place; raison de plus pour les bien choisir. Les moins nombreux de tous doivent être les arbres en plein vent à haute tige, qui occupent un grand espace et répandent autour d'eux une ombre sous laquelle les plantes d'ornement ne peuvent fleurir. Dans les environs de Paris, beaucoup de très-petits jardins sont encombrés par des Abricotiers, qui, trouvant une terre calcaire très-favorable à leur croissance, prennent en peu d'années de grandes dimensions. Si la terre leur convient, il n'en est pas de même du climat; l'abricotier fleurit de si bonne heure que rarement la fleur peut nouer; on récolte des abricots aux environs de Paris, tous les cinq ans. Ainsi, pour avoir deux fois en dix ans un peu d'abricots, on rend stérile et impropre à la floriculture une grande partie de la surface d'un petit jardin : c'est là une faute facile à éviter. Dans les terrains très-calcaires, où les arbres à fruits à pépins ne réussiraient pas, le prunier et le cerisier, qui s'étalent moins que l'abricotier, et qui d'ailleurs donnent plus ou moins de fruits tous les ans régulièrement, doivent être préférés à l'abricotier. Parmi les cerisiers, les plus agréables pour la précocité de leur floraison et l'abondance soutenue de leur fructification, sont les cerisiers anglais *May-Duke* et *Cherry-Duke*. On les reconnait aisément à leurs rameaux redressés, rapprochés les uns des autres, qui portent peu de feuillage et ne produisent qu'une ombre inoffensive; tous ces motifs doivent les faire préférer pour les petits jardins aux autres espèces de cerisiers, dont les branches sont très-divergentes et projettent au loin un ombrage épais.

Le jardin enclos de murs, quelle que soit d'ailleurs sa situation, a toujours deux surfaces de murs à une exposition assez méridionale pour admettre des pêchers et de la vigne en espalier. Avant de planter les Pêchers, il faut s'assurer que le sol contient une assez forte dose de principes calcaires. Si cet élément lui manque, ou s'il y est en quantité trop faible, on y mélangera des platras de démolition grossièrement broyés, sans mélange de fumier. Le fumier, à moins qu'il ne soit entièrement décomposé et passé à l'état de terreau, fait contracter au pêcher les maladies du rouge et de la gomme; il favorise avec excès la croissance du bois aux dépens de la fructification, et par-dessus le marché, il détériore complétement la qualité du fruit.

On peut, dans les grands jardins, et même dans ceux de dimensions moyennes, planter en espalier des Pêchers en palmette, tout dressés en pépinières, ayant trois ou quatre ans de greffe. Pour les petits jardins, il faut préférer les Pêchers en cordons obliques, simples et doubles. Les Pêchers en palmette ne peuvent occuper moins de quatre mètres de surface sur le mur d'espalier. On ne peut en planter qu'un nombre très limité le long des murs d'un petit jardin; on ne récolte, par conséquent, qu'une ou deux espèces de pêches, de sorte qu'on ne jouit qu'un moment de cet excellent fruit. En plantant des Pêchers en cordons obliques, c'est autre chose. Ceux en cordon oblique simple sont espacés à 75 centimètres les uns des autres, ce qui est plus que suffisant, puisqu'ils n'ont presque pas de largeur; ceux en cordon oblique double, n'ayant que deux bras de charpente inclinés sous le même angle et parallèles l'un à l'autre, sont suffisamment espacés à un mètre. En adoptant les Pêchers conduits sous cette forme, la plus simple de toutes, chaque arbre individuellement ne porte que quelques pêches; mais sur une surface d'espalier très-limitée, on peut cueillir des pêches depuis la maturité des plus précoces jusqu'à celle des plus tardives. Là où la nature du terrain admet la culture des arbres à fruits à pépins, on doit, par les mêmes motifs, adopter les Poiriers en colonne et les Pommiers nains en cordon horizontal. Les arbres sous ces deux formes ne tiennent presque pas de place, produisent beaucoup et se mettent immédiatement à fruit. Il est vrai qu'ils ne vivent pas longtemps, mais ils peuvent être remplacés à peu de frais quand ils sont épuisés.

Voulez-vous que vos arbres à fruits, soit à pépins, soit à noyau, vous donnent la plus grande quantité possible des meilleurs fruits de chaque saison? C'est ce qu'on doit souhaiter quand on plante des arbres fruitiers. Ayez soin de ne pas enterrer profondément les racines et de les étendre en tous sens, parallèlement à la surface du sol. Sans cette précaution, vos arbres donneront beaucoup de bois, peu de fruits, et ces fruits ne seront que de qualité médiocre.

Je suppose le jardin assez grand pour que vous y puissiez élever une tonnelle sur laquelle vous ferez grimper de la Vigne, des Chèvrefeuilles, du Jasmin de Virginie, et d'autres arbustes sarmenteux florifères. Pour faire pendant au berceau, plantez un de ces arbres à rameaux retombants tels que le Frêne pleureur et le Sophora pleureur, qui forment à eux seuls un berceau complet. Vous pouvez, pour le même usage, donner la préférence au Néflier parasol, arbre très-florifère, dont les fleurs en bouquets ressemblent à celles de l'Aubépine dont elles ont l'odeur. Le Néflier livré à lui-même s'étend horizontalement sur le sol dans tous les sens. Greffé sur Sorbier ou sur Aubépine à haute tige, il végète comme s'il était rampant sur le sol, et constitue un vrai parasol impénétrable à la pluie comme aux rayons du soleil, quoique ses feuilles soient fort petites. Il est d'ailleurs d'une extrême rusticité et s'accommode de tous les terrains.

Il est encore temps en février de mettre en place deux arbrisseaux les plus précoces de tous ceux qui peuvent croître à l'air libre sous le climat de la France centrale, le Jasmin de la Chine et le *Forsithia viridissima*.

Le Jasmin de la Chine, quand il n'est pas en fleurs, peut facilement être pris pour un Genêt commun, dont il a tout à fait la physionomie; le *Forsithia viridissima*, dont je serais heureux de vous dire le nom vulgaire s'il en avait un, se couvre de ravissantes fleurs d'un jaune d'or sous l'influence des premiers rayons du soleil de février. Il faut le planter dès les premiers jours du mois, s'il ne gèle pas, tandis que ses innombrables boutons commencent à poindre sur ses rameaux.

MARS

On a dit avec raison que le jardinier ne doit pas se reposer plus que la terre de son jardin; il n'y a pas d'époque dans l'année où il lui soit permis de se reposer d'une manière absolue; il y en a, au contraire, où la besogne est tellement urgente que la journée est à peine assez longue pour tout ce qu'il doit faire entre le lever et le coucher du soleil; le mois de mars est celui de toute l'année où il est le plus surchargé de travail. L'amateur qui soigne lui-même son jardin doit s'arranger pour disposer d'une bonne partie de son temps pendant le mois de mars en faveur de son parterre; s'il ne le peut, il doit se faire seconder, pendant quelques jours au moins, par un jardinier de profession. Car, en jardinage, il faut, si l'on veut réussir, que chaque chose soit faite en son temps. On se hâte de terminer, pendant la première quinzaine de mars, les plantations de Groseillers, de Framboisiers, et d'arbustes d'ornement qui n'ont pu être faites en février, après quoi l'on s'occupe principalement des semis de plantes annuelles et des plantations de plantes bisannuelles. On a dû semer l'année précédente, en quantité proportionnée à l'étendue des plates bandes du parterre qu'elles doivent décorer, des plantes bisannuelles, qui ne fleurissent pas pendant leur première année; telles sont en particulier la Campanule à gobelet et l'Œillet de poëte, plus connu sous son nom vulgaire de bouquet tout fait. Les plantes vivaces qui fleuriront pendant les mois suivants sortent déjà de terre en grand nombre; tels sont en particulier le Pavot vivace de Tournefort, la *Diclytra spectabilis* de la Chine, et les espèces communes de Lis à fleur blanche et à fleur jaune. On utilise pour la mise en place des plantes bisannuelles l'espace laissé disponible entre les plantes vivaces, à côté des Saxifrages à feuilles épaisses, des *Thlaspi*, des *Alyssum* corbeille d'or, des Fritillaires couronne impériale, toutes plantes qui, dès la fin de mars, fleurissent ou vont fleurir.

Lorsqu'on dispose de peu d'espace, il faut se méfier de la tendance de tout propriétaire d'un parterre à y entasser pêle-mêle toutes les plantes florifères de chaque saison; un choix judicieux entre ce que chaque mois offre de meilleur produit plus d'effet ornemental et donne plus de satisfaction qu'un fouillis de toutes sortes de plantes qui, gênées par leurs voisines, végètent péniblement, de façon que pas une d'elles ne peut fleurir avec toute la beauté qui lui est propre. Et puis, il faut réserver de la place pour les semis, qui sont, dans le jardin, la grande affaire du mois de mars.

Les semis de plantes d'ornement se font en mars, soit en place soit en pépinière. Semez en place toutes les plantes qui supportent plus ou moins difficilement la transplantation, spécialement les Clarkia roses et blanches, les Schizanthes, les Lavatères, les Belles de jour, les Belles de nuit et les Coréopsis. Prodiguez les semis de Réséda ; quand viendra l'arrière-saison, cette humble plante si parfumée résistera l'une des dernières aux premiers froids ; vous trouverez alors que vous n'en avez pas semé assez. Si vous avez, contre mon avis, adopté les bordures de Buis nain pour encadrer les compartiments du parterre, semez en seconde ligne, pour obtenir une bordure plus gaie et plus florifère, la Julienne de Mahon, charmante petite plante qui remonte quand on prend soin de l'arroser et de retrancher les tiges qui ont fleuri, sans leur laisser porter graine. La plante rentre immédiatement en végétation. et donne une seconde floraison, aussi abondante que la première. Là où l'espace disponible est un peu moins limité, les bordures de Julienne de Mahon peuvent être remplacées par des bordures de Pied d'Alouette nain, qu'il faut semer dans la première quinzaine de mars.

Dans une plate-bande isolée, largement garnie de terreau, semez en abondance des graines de Pétunia, de Reine Marguerite, de

Balsamine, d'Œillets d'Inde, et des autres plantes qui supportent parfaitement la transplantation ; elles rempliront en temps utile les vides résultant de l'épuisement des plantes à floraison printanière. Semez en même temps un peu de Campanules, d'Ancolies, d'Œillets de poëte, dont le plant ne sera mis en place que l'année suivante ; semez aussi en abondance des Pois de Senteur par touffes isolées, que vous soutiendrez avec quatre baguettes rattachées ensemble par le sommet. Cette fleur vulgaire, ainsi que toutes les autres plantes anciennes et communes, mais gracieuses et parfumées, mérite de conserver dans le parterre sa place à côté des bonnes nouveautés.

Il se peut que les circonstances ne vous aient pas permis d'être prodigue de terreau envers le sol de votre parterre.

Dans ce cas, mettez-en en réserve une bonne brouettée afin de pouvoir, partout où vous sèmerez, mêler à la terre une dose suffisante de terreau. Il importe qu'au moment où elles sortent de la graine, les racines des jeunes plantes puissent plonger et se ramifier à l'aise dans un sol bien amendé ; plus tard, quand ces racines atteindront la couche de terre moins riche en terreau, elles auront acquis assez de force pour n'avoir point à en souffrir ; la végétation des plantes sera tout ce qu'elle doit être.

Personne n'ignore que plus les graines sont menues, moins elles doivent être enterrées, et que les graines volumineuses, telles que celles de la Belle-de-Nuit, ont besoin au contraire, pour bien lever, d'être recouvertes de plusieurs centimètres de terre. Semez de préférence par un temps couvert, humide, pluvieux ou disposé à la pluie. S'il survient de la sécheresse, les semis doivent être arrosés plusieurs fois par jour ; il n'y a pas de moyen plus certain de destruction des graines semées qui commencent à germer, que de les exposer, en les arrosant à de trop longs intervalles, à des alternatives de sécheresse et d'humidité, qui ne peuvent manquer de faire périr les germes. Certaines terres qui ne contiennent pas assez de terreau et sont trop riches en argile, sont sujettes à se *plomber* à la suite des arrosages. Ce terme de jardinage exprime l'état d'une terre fortement tassée par la chute de l'eau des arrosages sous forme de pluie ; une croûte se forme à sa surface ; les cotylédons des plantes délicates d'ornement ne peuvent percer cette croûte, et les semis restent sans résultat. La terre, même quand elle est argileuse, ne peut pas se plomber de manière à nuire aux semis, pourvu que les arrosages soient fréquents, et que la surface n'ait pas le temps de se dessécher et de se durcir entre deux arrosages. On peut aussi combattre la tendance du sol à se plomber, en *paillant* les semis, c'est-à-dire en les recouvrant de paille ou de fumier long. Dans ce cas, il faut de temps en temps soulever le paillis pour guetter la sortie de terre des cotylédons ; car, si ce genre de couverture est utile à la germination des graines en terre, il est éminemment nuisible aux jeunes plantes dès qu'elles se montrent hors de terre ; la privation d'air et de lumière les étiole et les fait périr ; le paillis doit donc être supprimé aussitôt que la graine semée commence à lever.

AVRIL

Le jardin commence à donner en avril plus que des espérances. Les arbres fruitiers, soit en espalier, soit en plein vent, sont en pleine fleur ; les abricots sont noués, s'ils n'ont pas été emportés par les petites gelées du mois précédent ; on peut déjà prévoir ce que sera la récolte de ce fruit. Les pêchers dont la floraison se prolonge jusque vers le milieu d'avril, ont besoin d'être protégés par des abris de canevas ou de paillassons, contre les giboulées mêlées de grêle, qui ne sont guère moins à craindre en avril qu'en mars. La taille du pêcher en espalier, à moins que le printemps ne soit excessivement précoce, se fait mieux en avril qu'en mars ; le tempérament de cet arbre supporte bien la taille pendant sa floraison ; le jardinier voit clair dans sa besogne ; il lui est facile de ne laisser sur chaque pêcher qu'une quantité de fruits proportionnée à sa vigueur ; quand l'espalier est garanti contre les atteintes de la gelée, on peut compter que presque toutes les fleurs tiendront, et régler la taille en conséquence. Les jeunes pousses mal placées, qui ne sont point utiles à la formation de la charpente du pêcher, doivent être supprimées à plusieurs reprises dans le courant d'avril, sans leur laisser le temps de détourner à leur profit la séve qui doit servir en entier à nourrir les branches chargées de fruits. Il n'y a rien à faire sur les poiriers et pommiers, si ce n'est de les inspecter fréquemment pour les débarrasser des chenilles, qui pullulent en avril.

La vigne en espalier, en contre-espalier ou sur le berceau, a dû être taillée depuis longtemps. Cependant, il y a encore des partisans de la taille tardive de la vigne, surtout de celle qui produit le chasselas et les autres raisins de dessert. Ceux-là ne doivent pas attendre plus tard que la première quinzaine d'avril. Il peut y avoir, dans un jardin même de peu d'étendue, un côté de clôture en treillage à couvrir de vigne en contre-espalier ; c'est ce qu'on peut faire à très-peu de frais par la méthode Hudelot ; voici en quoi elle consiste. Retranchez des sarments provenant de la taille d'hiver la partie supérieure, dont le bois est resté à demi herbacé, et la partie inférieure, dont les yeux moins bien formés que les autres manquent de vigueur. Coupez ces sarments en petits fragments portant chacun un seul œil. Reprenez ensuite tous ces morceaux un à un ; rognez-les de telle sorte que l'œil conserve seulement la très-petite quantité de bois à laquelle il adhère ; pour peu qu'il lui en reste, il en aura toujours assez ; ce retranchement se fait très-bien avec un bon sécateur d'un petit modèle. Ces préparatifs terminés, dans la dernière semaine d'avril, ouvrez au pied du treillage que la vigne est appelée à garnir, un sillon de 4 à 5 centimètres de profondeur. Dans ce sillon, semez les yeux de la Vigne, absolument comme vous sèmeriez des Haricots d'Espagne. Dès la fin de mai, vous verrez sortir de la terre les jeunes pousses de la vigne ; les ceps formeront dans le courant de l'été des racines robustes ; vous les taillerez sur un seul œil. Dès la seconde taille, la vigne palissée sur le treillage commencera à porter fruit ; son raisin vous paraîtra d'autant meilleur qu'il ne vous aura rien coûté, si ce n'est un peu de peine, qui est un plaisir.

Dans le parterre, les plantations sont la grande affaire du mois d'avril, comme les semis ont été l'opération principale du mois de mars. Les Œillets, marcottés en automne l'année précédente, sont relevés et *sevrés*, c'est-à dire détachés de la plante mère ; on les met en place avec la précaution de conserver leurs racines aussi entières que possible. On plante aussi des Rosiers greffés, les uns en buissons, les autres à demi-tiges. Ces derniers sont presque toujours vendus dans des pots. Il faut s'assurer, quand on en fait l'acquisition, qu'ils n'ont pas été mis en pot immédiatement avant d'être apportés au marché aux fleurs, et que leurs racines se sont emparées de la terre des pots, ce qu'il est facile de reconnaître en les dépotant pour vérifier l'état des racines. S'ils ont été arrachés dans la pépinière le jour même de leur mise en vente, et plantés dans des pots pour en faciliter le placement, ils auront de la peine à reprendre dans la plate-bande du parterre; ils fleuriront mal ou même ne fleuriront pas du tout la première année. Au contraire, ceux qui ont été empotés avant l'hiver, et qui ont poussé de jeunes racines dans la terre des pots, entrent immédiatement en végétation, et fleurissent comme s'ils n'avaient pas été déplacés. Leur reprise est facilitée par la manière de les mettre en place. Après s'être abstenu deux jours de les arroser, afin que la terre des pots soit assez sèche pour ne pas s'émietter, on ouvre à la bêche des trous dans chacun desquels on verse un demi-arrosoir d'eau. Avant que la terre ait bu cette eau complétement, les rosiers sont dépotés en motte et plantés sans déranger leurs racines; la terre retirée des trous est rabattue autour des Rosiers, et comprimée modérément; dans de pareilles conditions, ils ne peuvent manquer de bien pousser et de se disposer à bien fleurir.

Il ne suffit pas de soigner en avril la floraison du printemps; il faut aussi songer à préparer celle de l'été et de l'automne. Dès la fin d'avril, les touffes de Doronic, de Saxifrage, de Corbeille d'or, et d'autres plantes à floraison précoce qui ont produit leur effet, sont supprimées et remplacées par des plantations de Balsamines, de Reine-Marguerites, de Tagètes, de Pétunias, et des autres plantes annuelles de pleine terre dont la graine semée de bonne heure en mars doit donner en avril du plant assez fort pour être transplanté. Toutes ces plantes reprennent aisément et fleurissent abondamment, lorsqu'on a eu soin de les semer dans une terre légère, fortement mélangée de terreau.

Quand on les arrache pour les transplanter, chaque plante emporte avec elle une partie de sa terre natale adhérente à ses racines ; cette terre facilite sa croissance dans sa nouvelle position.

Il est déjà temps, vers la fin d'avril, de retirer de la cave où elles ont dû être déposées pour passer l'hiver à l'abri de la gelée, les racines tuberculeuses du Dahlia, ce roi de l'automne, comme le nomment les Anglais. La faveur enthousiaste dont a joui cette fleur splendide il y a vingt ans est sensiblement tombée ; cependant, c'est encore une des plantes dont on ne peut se passer : que serait, en septembre et octobre, un parterre dans lequel il n'y aurait pas de Dahlias ? On sait que le Dahlia, originaire du Mexique, ne supporte pas la plus légère gelée blanche ; il ne peut, par conséquent, être mis en place en pleine terre, à l'air libre, que du 10 au 15 mai. Si les tubercules du Dahlia étaient immédiatement tirés de la cave en mai, au moment de les planter dans le parterre, leur végétation serait tellement retardée que les premiers froids d'automne les emporteraient avant l'épanouissement des fleurs. Il faut donc, dès le milieu du mois d'avril, préparer dans une caisse ouverte et peu profonde, un mélange de terre et de terreau qu'on tient légèrement humide ; la caisse est déposée dans un local à l'abri du froid ; les Dahlias y sont plantés tout près les uns des autres ; ils commencent aussitôt à végéter ; ils ont déjà des pousses d'un décimètre quand il est temps de les planter. De cette manière, leur floraison est avancée de près d'un mois. Il est rare qu'on puisse en jouir complétement sous le climat de Paris. Lorsque surviennent les premières gelées, les Dahlias sont encore chargés de boutons qui ne doivent pas s'épanouir. Mais ils ont du moins servi largement à la décoration du parterre pendant près de deux mois; ils ont été ce qu'ils doivent être, la partie la plus brillante de la floraison d'automne ; il ne faut rien exiger d'eux au de à.

Il est possible, quelque limitée que soit l'étendue de votre jardin, que vous en ayez consacré une partie à un carré de Fraisiers qui ont dû être plantés l'an dernier pour vous donner des fleurs en avril et mai, et des fraises le reste de la belle saison. Il se peut aussi que, vers la fin d'avril, au lieu de voir vos Fraisiers se couvrir de boutons et se disposer à fleurir et à fructifier, vous ayez le déplaisir de les voir se faner du jour au lendemain, et périr sur place. Dans ce cas, un ennemi invisible dévore leur racine; cet ennemi, c'est la larve souterraine du hanneton, trop bien connue des jardiniers sous son nom vulgaire de *ver blanc*, bien que ce ne soit point un ver. Si ce désagrément vous arrive, tâchez de vous procurer, chez un jardinier de votre voisinage, une bonne provision de feuilles de Choux et de trognons de Choux. A cette époque de l'année, le Chou à jets, dit chou de Bruxelles, a donné toute sa récolte; il est arraché pour faire place à d'autres cultures; vous pouvez donc aisément en obtenir pour rien les trognons, en quantités illimitées. Hachez-les grossièrement avec le tranchant de la bêche ; ouvrez une tranchée à la place où vos Fraisiers ont péri ; mêlez les trognons de Chou hachés à la terre de cette tranchée, et plantez par-dessus de jeunes Fraisiers. Ils ne vous donneront pas autant de fraises cette année que vous en auraient fourni ceux que le ver blanc a fait périr ; mais, comme l s feuilles de Chou et les trognons de Chou pourris sont pour le ver blanc un poison mortel, la plantation de Fraisiers renouvelée n'aura pas le sort de la première, vous pouvez y compter.

MAI.

L'un des principaux éléments de succès de la culture des arbr s fruitiers, spécialement des Pêchers en espalier, c'est le pincement, opération inconnue des jardiniers du siècle précédent, devenue depuis le commencement de ce siècle d'un usage continuel et des plus utiles. Sans attendre qu'un bourgeon de l'année ait pris tout son accroissement pour le raccourcir ou le supprimer, selon ce que peut exiger la conduite de l'arbre, on pince son extrémité supérieure, ce qui a pour effet immédiat de faire refluer la séve soit vers le fruit, qu'elle fait grossir, soit vers les yeux, qui deviendront des branches à fruit pour l'année suivante. Par l'ébourgeonnement pratiqué à propos en avril, on a dû empêcher de naître les rameaux superflus ou mal placés ; par le pincement, on contient ceux qu'on a jugé nécessaire de laisser croître. On pratique un premier pincement dans le courant de mai, suivi d'un ou deux autres au besoin pendant les mois suivants. Il est impossible, par ce procédé, que la végétation du Pêcher s'emporte pour produire des branches gourmandes, qui dérangeraient toute l'harmonie d'un arbre bien dressé.

Du 10 au 15 mai, la besogne abonde dans le parterre. Il y a d'abord à retirer du local où ils ont hiverné à l'abri de la gelée les Orangers, les Lauriers-roses, les Myrthes, les Grenadiers, sans trop se presser, de peur qu'ils ne soient frappés par les retours perfides de froids tardifs, toujours à craindre sous le climat du centre de la France. Le propriétaire d'un petit jardin ne dispose pas habituellement d'un grand nombre de ces arbustes; n'en eût-il qu'un de chaque espèce, il ne doit rien négliger pour en obtenir une belle floraison; moins on en possède, plus on doit y tenir Avant de mettre ces arbustes à la place qu'ils doivent occuper en plein air pendant la belle saison, on doit retrancher au besoin les branches mortes ou malades, laver à fond le feuillage des Orangers, renouveler la terre des caisses, en donner de plus grandes aux arbustes qui ont pris trop d'accroissement, et les arroser tous, d'abord modérément, ensuite plus largement, lorsqu'on les verra rentrer en végétation.

C'est aussi le moment de planter à demeure en pleine terre les Dahlias, les oignons de Tigridia et ceux des Gladiolus, qu'il aurait été imprudent de hasarder à l'air libre au commencement de ce mois.

Il ne faut aux Dahlias qu'une bonne terre franche de jardin, suffisamment profonde pour que leurs tubercules s'y développent sans obstacle. Pour en obtenir une belle floraison, chaque pied ne doit conserver qu'une seule pousse, qu'on attache, dès qu'elle est assez longue, à un solide tuteur, sans trop serrer le lien, parce que le diamètre de la tige doit doubler en peu de temps. Les oignons de Tigridia et ceux de Gladiolus donnent leur plus riche floraison, lorsqu'on peut mélanger une bonne dose de terre de bruyère à la terre de la plate-bande où ils sont mis en place.

On continue à transplanter successivement dans le parterre le plant déjà fort de Reine-Marguerites, de Petunias, de Balsamines et de Tagètes; on éclaircit les semis de Coréopsis, dont la floraison serait maigre si les touffes étaient trop épaisses. Quelques belles touffes de Pelargonium zonale, à fleur d'un rouge éclatant, plantées çà et là, parmi les autres plantes d'ornement à fleurs d'un coloris moins vif, contribuent à la décoration du parterre. Cette plante, étant très-sensible au froid, ne doit être plantée à l'air libre que dans la seconde quinzaine de mai.

Le mois de mai tout entier est la saison des Lilas et des Chèvrefeuilles. A mesure que ces arbustes finissent de fleurir, retranchez les fleurs flétries avant qu'elles aient porté graine. La production de la graine de Lilas et des baies du Chèvrefeuille n'offre aucun intérêt au jardinier; elle épuise les arbustes et rend chétive la floraison de l'année suivante. En supprimant les fleurs flétries des Lilas, on doit avoir soin de ménager les deux yeux placés immédiatement au-dessous de la fleur; ce sont eux qui donneront les rameaux florifères pour le printemps de l'année suivante. Ces bourgeons avortent quand les Lilas produisent des graines, qui attirent à elles toute la séve, et c'est pourquoi les bosquets de Lilas dont on ne prend aucun soin ne fleurissent abondamment que tous les deux ans. Pendant la dernière semaine de mai, on peut enterrer dans les plates-bandes du parterre quelques pots de Fuchsia, de Véronique d'Anderson, de Calcéolaires et d'autres plantes qui ne sont pas de pleine terre sous notre climat, et qui souffriraient plus ou moins si elles étaient dépotées en mai et rempotées en septembre ou octobre.

JUIN.

Quand la floraison des arbres fruitiers s'est faite dans de bonnes conditions, et que le fruit a bien noué, il arrive fréquemment que, vers le milieu de juin, les arbres sont surchargés. Les pêchers et les abricotiers ne se dépouillent pas d'eux-mêmes, il faut venir à leur secours. Lorsqu'on commet la faute de leur laisser trop de fruits, les abricots et les pêches n'arrivent pas à leur volume normal, ils restent petits et sans saveur. Les pêchers et les abricotiers souffrent beaucoup de cet excès de production ; ils font un effort extraordinaire pour former les noyaux de leurs fruits ; des branches entières sont frappées d'atrophie; l'existence même des arbres est compromise. Il n'y a point à s'occuper des arbres à fruits à pepins; quand leurs fruits sont surabondants, ils se dépouillent d'eux-mêmes. Quand il leur reste un peu trop de poires et de pommes, ils n'en souffrent pas autant que souffrent d'un excès de fructification les arbres à fruits à noyau, parce qu'ils n'ont pas de noyaux à former, et ne sont pas exposés à la nécessité de supporter une crise à ce sujet vers la fin de juin.

Le parterre est dans toute sa splendeur; il faut remplacer les plantes annuelles et bisannuelles qui ont fleuri, donner des tuteurs à celles qui, comme les Gladiolus, émettent de longues tiges florifères qu'un coup de vent pendant un orage peut facilement briser; il faut prodiguer l'eau, deux fois par jour au moins, et arroser plus largement le soir que le matin, afin que, pendant les nuits tièdes de juin, les plantes puissent se refaire de la fatigue que leur a imposée le soleil d'une journée brûlante.

Les Rosiers, base de la décoration du parterre en juin, méritent pendant ce mois des soins particuliers. Il faut, en premier lieu, surveiller attentivement les sujets sur lesquels les Rosiers sont greffés. La greffe est une sorte de mariage qui n'est pas toujours bien assorti; si le sujet est plus fort que la greffe, ses racines émettent des rejetons qui seraient, si vous les laissiez pousser, des églantiers à fleur simple, semblables à ceux qui poussent dans les haies; ils ne tarderaient pas à s'emparer de toute la séve du sujet; ou bien la greffe serait tuée, ou bien elle tomberait en langueur, et ses roses avorteraient.

Dès que les rejetons du sujet se montrent au dehors, on doit, avec un couteau à lame de longueur suffisante, les couper comme des asperges, entre deux terres. Il faut cueillir les roses avec un sécateur ou une paire de ciseaux, dès qu'elles commencent à se faner, en prenant soin de ne pas blesser les boutons qui les environnent ; cela n'est guère possible quand on doit offrir un bouquet de roses à une dame ; aussi, je vous conseille d'en offrir le moins possible. En retranchant en juin les principaux rameaux florifères d'un rosier, non-seulement on se prive pour le moment de ses roses, mais encore on compromet plus ou moins sa floraison pour l'année suivante. Ne laissez pas vos roses se changer en fruits, ou cynorrhodons, à moins qu'elles n'aient été soumises à la fécondation artificielle, et que vous ne désiriez en utiliser les semences, dans l'espoir d'en obtenir quelques variétés nouvelles : rien ne fatigue les rosiers et ne hâte leur dépérissement, comme de leur laisser porter fruit, quand on n'en a pas besoin.

Dans la fraisière, que je suppose plantée de Fraisiers remontants des quatre saisons, retranchez avec soin les filets ou coulants, une fois au moins par semaine. Si vous laissez les filets affaiblir les pieds mères, vous n'aurez pas beaucoup plus de fraises que vous n'en pourriez avoir si vos Fraisiers appartenaient à des espèces qui ne remontent pas.

JUILLET

Quelques pêches hâtives mûrissent dans les premiers jours de juillet ; pour qu'elles aient tout leur coloris et toute leur valeur gastronomique, ayez soin de retrancher avec modération, à deux reprises au moins dans le courant de juillet, les feuilles qui les privent du contact direct des rayons solaires. Quelques variétés de pêches qui mûrissent en juillet sont couvertes d'un duvet épais laineux ; peu de personnes savent que ce duvet est un poison. C'est ce que savent très-bien les jardiniers de Montreuil-aux-Pêches, qui ont soin de brosser leurs pêches avec une brosse douce pour leur donner meilleure apparence avant de les porter au marché. Pendant ce travail, ils se placent dans un corridor balayé par un courant d'air vif ; sans cette précaution, le duvet détaché des pêches s'introduirait dans leurs voies respiratoires et pourrait leur occasionner des maladies graves. Ceci vous dit assez qu'il ne faut jamais manger une pêche sans en enlever la peau.

Etendez à terre sous vos framboisiers, dont les fruits arrivent à maturité, une couche de paille neuve très-propre ; c'est le seul moyen de ne pas perdre une partie de ces excellents fruits, qui adhèrent faiblement à leur support, et qui, dès qu'ils sont complétement mûrs, se détachent et tombent au moindre vent.

Il y a déjà dans le parterre des graines mûres à récolter en juillet, notamment celles des Pensées et des Pieds-d'Alouette. Les capsules renfermant la graine des Pensées s'ouvrent dès qu'elles sont mûres ; sans une surveillance attentive pour les récolter à temps, vous n'en aurez point, celles qui tombent à terre autour de la plante germent aussitôt qu'il survient une bonne pluie ; elles produisent ainsi, par semis naturel, du plant qu'il faut arracher et repiquer très-jeune, dans une situation ombragée ; ce plant donnera ses premières fleurs avant la fin de la belle saison.

La graine du Pied-d'Alouette est contenue dans des capsules droites, qui, lorsqu'elle est mûre, s'ouvrent par leur sommet seulement. C'est le moment qu'il faut saisir pour en faire la récolte ; si l'on attendait trop longtemps, les capsules se fendraient sur toute leur longueur, et la graine serait perdue en totalité.

Les bordures de Julienne de Mahon ont passé fleur ; n'attendez pas que leurs capsules se remplissent de graines mûres et coupez les tiges au niveau du sol ; elles remonteront immédiatement ; vous en obtiendrez en septembre une seconde floraison aussi belle que la première. N'oubliez pas toutefois d'en réserver quelques touffes afin d'avoir de bonne graine pour les semis de l'année suivante ; quand les chaleurs manquent à l'arrière-saison, les graines de Julienne de Mahon formées en septembre n'arrivent pas à maturité.

AOUT

Les arbres à fruits à pepins, poiriers et pommiers, éprouvent au milieu de l'été un second mouvement de la séve, connu des jardiniers sous le nom de séve d'août, bien qu'il commence dès la fin de juillet. Vers le milieu du mois, après la Notre-Dame d'août (15 août), comme disent les jardiniers, la seconde séve a produit son effet; il est temps de procéder au *cassement* des bourgeons des poiriers et pommiers qui, par excès de vigueur, donnent trop de bois et trop peu de fruits. Les pousses de l'année sont cassées à la moitié de leur longueur; habituellement, les parties cassées ne sont pas entièrement détachées; elles restent pendantes, conservant un peu d'adhérence au rameau, dont elles finissent par se détacher. Cette manière d'opérer refoule mieux la séve et provoque la formation des boutons à fruit avec plus de certitude que si les mêmes portions des bourgeons avaient été simplement retranchées avec la serpette ou le sécateur. On se gardera d'en agir de même à l'égard du cognassier; cet arbre ne portant ses boutons à fleurs qu'à l'extrémité des rameaux, si l'on cassait ses pousses annuelles, l'année suivante on ne récolterait pas de coings.

Garnissez de Pétunias, de Belles-de-Jour et d'autres plantes du même genre la base des Rosiers greffés qui ne remontent pas et dont la floraison est depuis longtemps épuisée; de cette manière, ils ne tiendront pas inutilement leur place dans les plates-bandes du parterre. Mettez en place les Chrysanthèmes de l'Inde; ils tiendront après que les derniers Dahlias auront été emportés par les gelées blanches d'octobre, s'ils ont été plantés de bonne heure dans le courant du mois d'août et largement arrosés tant que dureront les chaleurs sèches.

Semez dès la première semaine d'août la graine de Pensées récoltée le mois précédent; le plant de ces semis fleurira avant les premiers froids; vous pourrez éliminer les médiocres et ne conserver que les plus belles. La Pensée est une des plantes d'ornement dont les fleurs ne se reproduisent jamais sans quelque changement par la voie des semis; mais, quand on a semé la graine récoltée sur de belles variétés, on peut compter que le plant de semis entretiendra toujours la collection suffisamment riche en fleurs d'un vrai mérite.

Levez de terre les greffes de Renoncules dont la floraison est épuisée; laissez-les sécher lentement à l'air libre avant de les renfermer dans le tiroir où elles attendront le moment d'être remises en terre au printemps de l'année suivante.

Si les touffes de Chrysanthèmes de l'Inde, mises en place au commencement d'août, sont suffisamment avancées en végétation vers la fin du mois, détachez-en quelques jeunes pousses pour en faire des boutures qui s'enracineront avec la plus grande facilité.

La vigne en espalier doit être chargée de raisin de dessert, dont la maturité approche dès le milieu de septembre. Le soleil a déjà perdu de sa force ; il ne donnera point aux grappes du Chasselas cette couleur dorée qui fait une partie de leur mérite, si la vigne n'est *épamprée*, c'est-à-dire dégarnie d'une partie des feuilles qui ombragent trop les raisins.

La floraison d'automne, dominée par les touffes de Dahlias aux couleurs vives et variées, est splendide en septembre. Prodiguez dans le parterre les Tagètes, les Zinnias, les Pétunias, les Gaura, les Cantua, associés aux Balsamines et aux Reines Marguerites, vieilles plantes dont le mérite est toujours jeune.

C'est en septembre, quand depuis longtemps la collection de rosiers greffés est veuve de sa floraison, qu'on apprécie le mieux la valeur des rosiers franchement remontants du Bengale et de la Chine, dont les premières gelées blanches n'arrêtent même pas la floraison. Plantez du Réséda partout et par grosses touffes ; la floraison d'automne est généralement inodore ; quelques-unes des plantes de cette saison, telles que le Souci et le Tagète rose d'Inde, exhalent une odeur peu agréable ; c'est donc le moment ou jamais pour le Réséda de remplir son rôle de parfumeur, de concert avec l'Héliotrope ; ces deux plantes brillent peu, on les voit à peine, mais on les sent, cela suffit.

Mettez en terre, où ils passeront l'hiver, les oignons de Tulipe, dans une plate-bande défoncée et largement amendée avec du terreau; en labourant cette plate-bande, recherchez avec soin les pierres et les morceaux de bois pourri qui peuvent s'y rencontrer. Le bois pourri enfoui dans le sol contracte des champignons souterrains qui, lorsqu'ils se trouvent en contact avec les oignons de Tulipe, leur communiquent la pourriture. Vous pouvez planter à la même époque et avec les mêmes précautions les oignons de Jacinthe; mais, si le climat de votre localité est tant soit peu rigoureux, sujet aux vents violents du Nord et aux neiges abondantes, il vaut mieux retarder jusqu'au printemps la plantation des oignons de Jacinthe.

L'une des plus jolies plantes de cette saison, l'Agérat du Mexique, aux fleurs abondantes, d'une belle nuance améthyste, perd une grande partie de son charme lorsqu'on négige de supprimer les fleurs fanées, qui prennent une teinte rousse désagréable à l'œil; il faut jour par jour passer l'inspection du parterre pour retrancher les fleurs fanées de l'Agérat, les roses flétries du Bengale et de la Chine, et en général tout ce qui peut nuire à l'effet ornemental de la floraison de septembre. Récoltez en même temps les graines mûres du Réséda, des Balsamines et des Reines Marguerites. Sur cette dernière plante, la fleur qui termine la tige et qui s'épanouit la première est toujours celle qui produit la meilleure graine.

OCTOBRE.

Le mois d'octobre est l'époque de la récolte du plus grand nombre des fruits à pepins; c'est aussi celle de la vendange. Ne vous pressez ni pour l'une ni pour l'autre de ces deux opérations. Plus un jardin est petit, moins la récolte des fruits à pepins et du raisin est considérable, plus il importe de faire cette récolte dans les meilleures conditions possibles. Une coutume déplorable trop généralement en vigueur, c'est celle de cueillir tous les fruits d'automne le même jour; il ne faut même pas cueillir le même jour tous les fruits du même arbre; dans une pyramide, par exemple, les fruits nés sur les branches de l'intérieur de l'arbre mûrissent plus tard que ceux des branches extérieures, qui ont reçu pendant l'été plus d'air et de soleil. Lorsqu'après une nuit calme, pendant le mois d'octobre, on trouve le matin au pied d'un arbre quelques-uns de ses fruits tombés sans être tachés ou piqués du ver, il est temps de récolter les fruits de cet arbre, à l'exception seulement de ceux dont la maturité est incomplète, ce qu'on reconnaît à leur plus forte adhérence à la branche qui les porte.

Le raisin, dès qu'il approche de sa maturité, a pour ennemies les guêpes, qui piquent le grain pour en dévorer le contenu. Le meilleur moyen de le préserver de leurs atteintes, c'est, sans contredit, d'enfermer les grappes dans des sacs de crin ou de toile goudronnée; mais, ce moyen coûte cher et n'est pas à la portée de tout le monde. Il n'est personne, au contraire, qui ne puisse faire provision de sacs de papier, dont il enveloppera ses grappes de chasselas, dès qu'elles commenceront à mûrir.

Le parterre se dégarnit de plus en plus; vers la fin d'octobre, aux approches de la Toussaint; il ne doit y rester que des Dahlias, prêts à disparaître à la première gelée, des Chrysanthèmes en pleine fleur, des Agérats, des roses du Bengale et de la Chine, une abondance de Résédas et quelques belles touffes de Véronique, qu'il faudra remettre en pots et rentrer à la cave dans la dernière semaine du mois.

Préparez un local convenable, cave saine, cellier, chambre du rez-de-chaussée à l'abri de la gelée, pour rentrer à la même époque ce que vous pouvez avoir d'Orangers, de Myrthes, de Lauriers-Roses, de Grenadiers et de Fuchsias. Achevez la récolte des graines de plantes d'ornement; faites disparaître tout ce qui a passé fleur, et commencez à préparer le parterre à prendre sa tenue d'hiver. Car, sous le climat moyen de la France, quoi qu'en puisse dire l'almanach, une fois la fin d'octobre venue, on est en hiver.

NOVEMBRE.

Les feuilles tombent; le vent du nord domine; les jours où il est agréable ou seulement possible de se promener au jardin deviennent de plus en plus rares; la Toussaint est passée; nous sommes en hiver. Les arbres fruitiers, totalement nus, montrent ce qu'ils ont préparé de boutons à fleurs pour la floraison de l'année prochaine. Les anciens, qui donnent peu de bois et commencent à mourir par la tête, doivent être condamnés et remplacés; ou bien, s'ils sont jugés capables de rajeunissement, dès que le mouvement de la séve sera complétement arrêté, on tentera de les refaire par le recépage et par les greffes en couronne, qui leur seront posées au printemps. D'autres, encore vigoureux, mais cependant d'un âge avancé, revêtus d'une vieille écorce crevassée, refuge des insectes nuisibles et de leurs œufs, seront, avant la fin de novembre, badigeonnés, comme un bâtiment, au lait de chaux. Les alternatives de sécheresse et d'humidité, de gelée et de dégels, feront tomber ce badigeon avant la fin de l'hiver; il entraînera avec lui la mousse et les fragments de la vieille écorce; au printemps, l'arbre se trouvera disposé à bien pousser et à bien fleurir. Ceux qui perdent leurs feuilles dans la première semaine de novembre peuvent, sans inconvénient, être taillés à la fin du mois quand il ne gèle pas.

Les Chrysanthèmes et le Réséda protestent seuls dans le parterre contre la venue de l'hiver. Après avoir nettoyé les plates-bandes, arraché les tubercules de Dahlias, qui doivent hiverner à la cave, taillé et entouré de mousse avec un bon buttage les rosiers de la Chine, les plus sensibles au froid, il est temps de mettre en place les touffes de Perce-neige et d'Hellébore rose d'hiver, les deux plantes d'ornement dont les gelées n'interrompent pas la végétation, et qui fleurissent quelque temps qu'il fasse, alors qu'il n'y a plus d'autres plantes en fleurs.

Placez, à portée des plantes bisannuelles, dont le plant doit hiverner en pleine terre, des paillassons ou de la litière longue, pour pouvoir les couvrir en cas de froids vifs et précoces; ce sont ceux qui font à ces plantes le plus de tort quand on ne prend aucune mesure pour les en préserver. Si vous disposez d'une plate-blante au pied d'un mur au midi, plantez-y, vers le milieu de novembre, de la violette qui, s'il ne gèle pas fort, pourra fleurir dès la fin de janvier.

DÉCEMBRE.

Le mois de décembre est celui de l'année où il y a le moins à faire dans le jardin; pourtant le jardinier n'est pas, pendant le cours de ce mois, complétement inoccupé. Il peut commencer à tailler les arbres à fruits à pepins, spécialement ceux des espèces qui ès les premières gelées. On se règle à cet égard sur l'état de la température; il faut s'abstenir de tailler lorsqu'il gèle ou que la direction du vent donne lieu de craindre des gelées un peu sévères. Les arbustes à moelle, Lilas, Syringas, Chèvrefeuilles, Sureaux, ne doivent être plantés en décembre que quand la température est humide et douce; s'il gèle assez fort pour que leurs racines soient en contact avec la terre durcie par la gelée, ces arbustes ne meurent pas, mais ils souffrent beaucoup, et l'on ne peut pas compter sur leur floraison la première année.

Les arbres fruitiers à haute tige et à demi-tige, plantés en décembre, doivent être attachés à de solides tuteurs; en Normandie et dans tous nos départements maritimes, exposés à des coups de vent furieux, on donne à ces arbres, en les plantant, deux tuteurs, un de chaque côté, auxquels on les fixe par des liens de paille tordue; il y a pour cela une raison qu'il est utile d'expliquer. Le jeune arbre planté en décembre a devant lui l'hiver, par conséquent les tempêtes de l'hivernage; n'étant pas encore attaché au sol par de nouvelles racines, il est fortement secoué. La terre, durcie par le froid, entame l'écorce de la partie inférieure du tronc, près de la naissance des racines, il n'en faut pas davantage pour déterminer la mort de l'arbre; celui qu'on plante au printemps, après l'équinoxe, n'est point exposé au même inconvénient; il peut se passer de tuteur, surtout s'il a déjà pris assez de force en pépinière.

Profitez des loisirs de la saison pour réparer ou renouveler les paillassons, dont vous allez avoir besoin pour abriter vos arbres en espalier; veillez à ce que les arbustes et les plantes d'orangerie déposés à la cave ne soient pas endommagés par la moisissure et le défaut d'air, et donnez vos soins au jardin sur la cheminée, en vous conformant aux indications données à cet égard pour le mois de janvier.

Paris. — Imprimerie de Dubuisson et Cᵉ, rue Coq-Héron, 5.

CONDITIONS DE LA SOUSCRIPTION.

L'ÉCOLE MUTUELLE, cours complet d'Éducation popul[illegible] par une société de Professeurs et de Publicistes, form[illegible] vingt-quatre volumes divisés en quatre séries de 6 volumes.

On reçoit franco dans toute la France une série de 6 volumes pour DEUX francs — le cours complet pour HUIT francs. — Adresser mandats ou timbres-poste au directeur, rue Coq-Héron, 5, à Paris.

LISTE DES OUVRAGES

Grammaire.
Arithmétique. — Tenue de livres.
Dessin linéaire et Géométrie.
Géographie générale.
Géographie de la France.
Cosmographie et Géologie.
Musique.
Histoire naturelle.
Botanique.
Agriculture et Horticulture.
Physique.
Chimie.
Hygiène et Médecine.
Histoire ancienne.
Histoire du moyen âge.
Histoire moderne.
Histoire de France.
Droit usuel et Législation.
Philosophie et Morale.
Mythologie. — Hist. des religions.
Histoire littéraire.
Inventions et Découvertes.
Dictionnaire de la langue française usuelle (2 volumes).

25 centimes le volume. — 35 centimes rendu franco.

SE TROUVE

A *Paris*, chez....
- DUBUISSON et Cᵉ, libraires, rue Coq-Héron, 5.
- L. MARPON, libraire, galeries de l'Odéon, 1 à 7.
- DUTERTRE, libraire, passage Bourg-l'Abbé, 18 et 20.
- MARTINON, libraire, rue Grenelle-Saint-Honoré, 14.

A *Bordeaux*, chez. FERET, libraire, fossés de l'Intendance, 15.

A *Marseille*, chez.
- CAMOIN, libraire, rue Cannebière, 1.
- LAVEIRARIÉ, libraire, rue Noailles.

A *Toulon*, chez.... RUMEBE, libraire, sur le port.

Au *Havre*, chez... LEMAISTRE et GODFROY, libraires, 86, Grande-Rue.

Pour les ouvrages [illegible]

Paris. — Imprim[illegible]

www.ingramcontent.com/pod-product-compliance
Ingram Content Group UK Ltd.
Pitfield, Milton Keynes, MK11 3LW, UK
UKHW021141260726
13994UKWH00001B/249

9 782329 260662